もくじ

東京書籍版　理科2年

JN085233

テストの範囲や
学習予定日を
かこう！

学習計画	
出題範囲	学習予定日
5/14	5/10
テストの日	5/11

第１章　物質のなり立ち

テストに出る！ ココが要点　解答 p.1

① 物質を加熱したときの変化　[教] p.16～p.21

1 物質を加熱したときの変化

(1) 炭酸水素ナトリウムの加熱

炭酸水素ナトリウム ⟶ (① 　　　　) ＋ 二酸化炭素 ＋ 水

図１

塩化コバルト紙が青色から桃色に変化したことから，(㋐ 　　　　)ができたことがわかる。

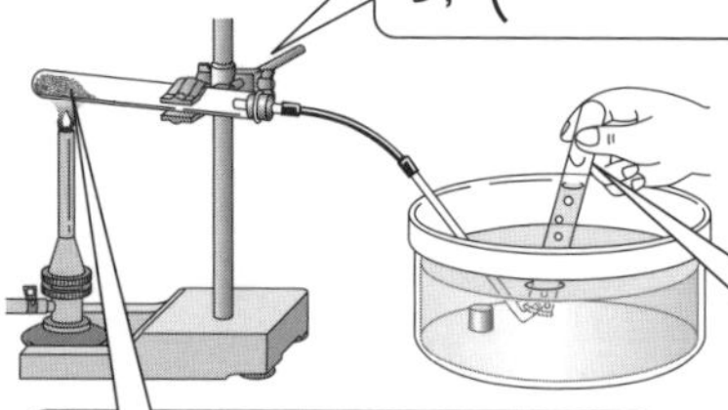

石灰水が白くにごったことから，(㋑ 　　　　)ができたことがわかる。

(㋒ 　　　　)が残る。

(2) 酸化銀の加熱

酸化銀(黒色) ⟶ (② 　　　　)(白色) ＋ (③ 　　　　)

(3) 化学変化と分解

- (④ 　　　　)…もとの物質とはちがう物質ができる変化。
- (⑤ 　　　　)…１種類の物質が２種類以上の物質に分かれる化学変化。
- (⑥ 　　　　)…加熱による分解。

② 水の分解　[教] p.22～p.25

1 水に電流を流したとき

(1) (⑦ 　　　　) 電流による分解。

(2) 水の電気分解　水 ⟶ (⑧ 　　　　)(陰極) ＋ 酸素(陽極)

図２

(㋓ 　　　　)が発生。マッチの火を近づけると，気体がポンと音を立てて燃えた。

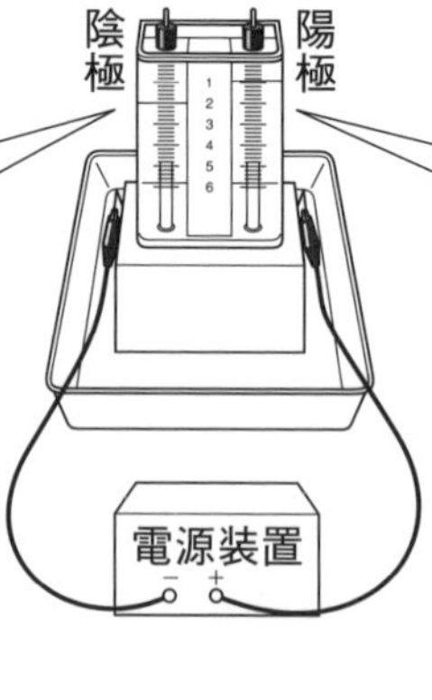

(㋔ 　　　　)が発生。火のついた線香を入れると，線香が炎を出して燃えた。

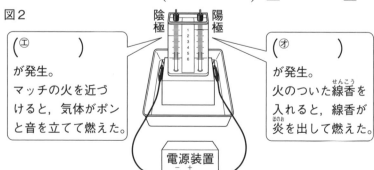

満点★ミッション

①炭酸ナトリウム
炭酸水素ナトリウムを加熱すると生じる。水によくとけ，フェノールフタレイン溶液が赤色(強いアルカリ性)になる。

②銀
酸化銀を加熱すると生じる金属。みがくと金属光沢がある。

③酸素
空気中に約21%ふくまれている気体。

④化学変化
もとの物質とはちがう物質ができる変化。

⑤分解
１種類の物質が２種類以上の物質に分かれる化学変化。

⑥熱分解
加熱による分解。

⑦電気分解
電流を流して物質を分解すること。

⑧水素
水の電気分解で陰極に生じる気体。

ココが要点の答えになります。

③ 物質をつくっているもの

教 p.26〜p.29

満点★ミッション

1 物質をつくっている粒子

(1) (^{⑨}　　　　　) 物質をつくる**最小**の単位。

(2) 原子の性質

図3

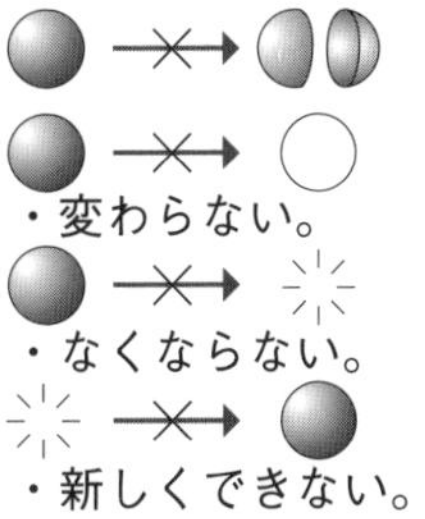

・変わらない。
・なくならない。
・新しくできない。

●化学変化によって，それ以上**分割**できない。

●種類によって，**質量**や大きさが決まっている。

●化学変化によって，ほかの種類に変わったり，なくなったり，新しくできたりしない。

(3) (^{⑩}　　　　　) 原子の種類。

(4) (^{⑪}　　　　　) **元素**をアルファベット1文字か2文字で表したもの。

(5) (^{⑫}　　　　　) 元素の性質を整理した表のこと。

④ 原子と分子・元素記号と物質

教 p.30〜p.34

1 いくつかの原子が結びついた粒子

(1) (^{⑬}　　　　　) 物質の**性質**を示す最小単位。決まった種類と数の原子が結びついてできている。

2 元素記号と物質

(1) (^{⑭}　　　　　) 物質を**元素記号**で表したもの。物質をつくっている原子の種類や数の割合がわかる。

(2) 物質の分類

●(^{⑮}　　　　　)…**1**種類の元素だけでできている物質。

●(^{⑯}　　　　　)…**2**種類以上の元素でできている物質。

図4

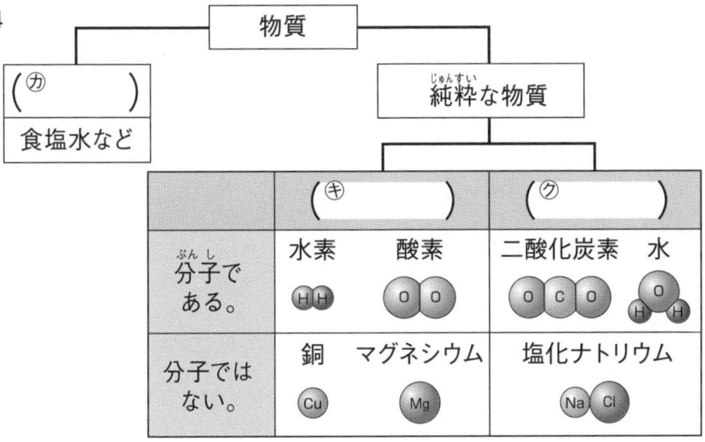

---

⑨**原子**
それ以上分割できない最小の粒子。

⑩**元素**
原子の種類。それぞれ性質が異なる。

⑪**元素記号**
世界共通で使われ，1文字目は大文字，2文字目は小文字のアルファベットで表す。

⑫**(元素の)周期表**
メンデレーエフによって考え出された表。元素の性質によって整理されている。

⑬**分子**
いくつかの原子が結びついた粒子。

⑭**化学式**
物質を元素記号で表したもの。

⑮**単体**
1種類の元素だけでできている物質。図4の㊐。

⑯**化合物**
2種類以上の元素でできている物質。図4の㋗。

3

テストに出る！

予想問題　第1章　物質のなり立ち

⏱ 30分

/100点

1 右の図のような実験装置をつくり，炭酸水素ナトリウムを試験管Aに入れて熱した。これについて，次の問いに答えなさい。

4点×9〔36点〕

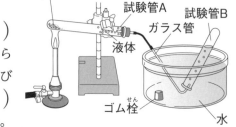
炭酸水素ナトリウム
試験管A
試験管B
ガラス管
液体
ゴム栓
水

記述 (1) 試験管Aを熱するとき，試験管の口を少し下向きにした。この理由を書きなさい。

（　　　　　　　　　　　　　　　　　　　）

(2) 熱するのをやめるとき，火を消す前に水の中からガラス管を出した。この理由を次のア〜ウから選びなさい。　（　　　）

ア　発生した液体が水槽に流れこむのを防ぐため。

イ　発生した気体が試験管Aに流れこみ，試験管が割れるのを防ぐため。

ウ　水槽の水が試験管Aに流れこみ，試験管が割れるのを防ぐため。

(3) 試験管Bにたまった気体に石灰水を入れてよくふると，石灰水はどのように変化するか。

（　　　　　　　　　　　　　　　）

(4) 試験管Aにたまった液体に塩化コバルト紙をつけた。塩化コバルト紙は何色から何色に変化するか。　（　　　　　　　　　　）

(5) 炭酸水素ナトリウムと，試験管Aに残った固体をそれぞれ水にとかした。水によくとける物質はどちらか。次のア〜ウから選びなさい。　（　　　）

ア　炭酸水素ナトリウム　　イ　試験管Aに残った固体　　ウ　どちらも同じ

(6) (5)でできた水溶液に，フェノールフタレイン溶液を加えた。よりこい赤色に変化したのは，どちらをとかした水溶液か。(5)のア〜ウから選びなさい。　（　　　）

(7) 炭酸水素ナトリウムを熱すると，何という物質に分解されるか。3つ書きなさい。

（　　　　　　　）（　　　　　　　）（　　　　　　　）

2 酸化銀を試験管Aに入れて，右の図のような装置で熱した。これについて，次の問いに答えなさい。

3点×6〔18点〕

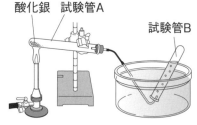
酸化銀　試験管A
試験管B

記述 (1) 試験管Bに集まった気体の中に火のついた線香を入れると，どうなるか。

（　　　　　　　　　　　　　　　）

(2) 試験管Aの中の物質は，何色から何色に変化したか。

（　　　　　　　　　　　）

(3) 試験管Aに残った物質をみがくとどうなるか。　（　　　　　　）

(4) 試験管Aに残った物質をたたくとどうなるか。　（　　　　　　）

(5) 酸化銀を熱すると，何という物質に分解されるか。2つ書きなさい。

（　　　　　　　）（　　　　　　　）

③ 右の図のような装置で，水を分解した。次の問いに答えなさい。 3点×6〔18点〕

記述 (1) この実験では，純粋な水ではなく，水酸化ナトリウムをとかした水を用いた。その理由を書きなさい。
（ 　　　　　　　　　　　　　　　　　　　　 ）

(2) 陰極は，A，Bのどちらか。 （ 　　 ）

(3) 発生した気体に火のついた線香を入れると，炎を出して激しく燃えた。これはA，Bのどちら側の気体か。 （ 　　 ）

記述 (4) (3)で選ばなかった側の気体にマッチの火を近づけると，どのようになるか。
（ 　　　　　　　　　　　　　　　　　　　　 ）

(5) この化学変化を次のように表した。①，②にあてはまる物質名を書きなさい。
①（ 　　　　　　 ） ②（ 　　　　　　 ）

（ ① ） ⟶ （ ② ）＋酸素

④ 原子や分子について，次の問いに答えなさい。 2点×14〔28点〕

(1) ①〜③の元素記号で表される元素の名前と，④〜⑥の元素記号を書きなさい。
①O（ 　　 ） ②C（ 　　 ） ③Mg（ 　　 ）
④塩素（ 　　 ） ⑤硫黄（ 　　 ） ⑥銅（ 　　 ）

(2) 次の物質を，化学式で表しなさい。
①水素（ 　　 ） ②銀（ 　　 ）
③水（ 　　 ） ④塩化ナトリウム（ 　　 ）

(3) 次のア〜ケをそれぞれ単体，化合物，混合物に分類しなさい。
①単体（ 　　 ） ②化合物（ 　　 ） ③混合物（ 　　 ）
ア 塩化ナトリウム イ 水素 ウ 食塩水 エ 酸素 オ 酸化銅
カ マグネシウム キ 二酸化炭素 ク 銅 ケ 水

(4) 原子や分子について述べた次のア〜クの文のうち，正しいものをすべて選びなさい。
（ 　　　　　 ）

ア 原子とは，それ以上分割できない，小さな粒子のことである。
イ 原子は，種類によって質量や大きさが決まっていて，その質量や大きさはとても小さい。
ウ 化学変化によって，原子がほかの種類の原子に変わることがある。
エ 化学変化によって，原子がなくなったり，新しくできたりすることがある。
オ 元素の性質によって整理された表を周期表という。
カ 水素分子は，水素原子2個が結びついてできている。
キ 二酸化炭素分子は，酸素原子1個と水素原子2個が結びついてできている。
ク 分子をつくらない物質がある。

第2章　物質どうしの化学変化

満点ミッション

①化合物
物質と物質が結びついてできた物質。2種類以上の元素からできている。

②硫化鉄（りゅうかてつ）
鉄と硫黄が結びついてできる化合物。鉄の原子と硫黄の原子が1：1の割合で結びついたもの。

③硫化銅（りゅうかどう）
銅と硫黄が結びついてできる物質。

④水
水素と酸素の混合気体に火をつけると，爆発（ばくはつ）してできる物質。

⑤二酸化炭素
炭素と酸素が結びついてできる物質。

ポイント
結びついてできた物質は，性質が異なることから，別の物質であることがわかる。

テストに出る！ ココが要点　解答 p.2

① 異なる物質の結びつき　[教] p.36～p.41

[1] 異なる物質の結びつき

(1) (① 　　　) 2種類以上の物質が結びついてできた物質。物質と物質が化学変化によって結びついてできる。もとの物質とはちがう性質をもつ。

●鉄と硫黄の反応による変化…鉄＋硫黄 ⟶ (② 　　　)

図1

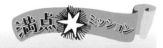

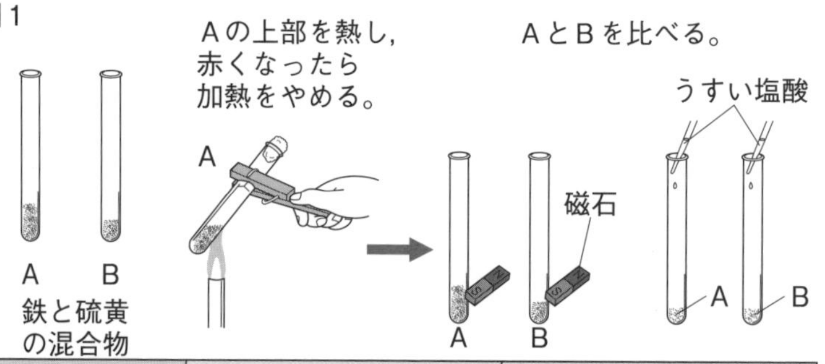
Aの上部を熱し，
赤くなったら
加熱をやめる。
AとBを比べる。
うすい塩酸
A
磁石
A　B
鉄と硫黄
の混合物
A　B
A　B

	熱する前の物質（B）	熱した後の物質（A）
磁石との反応	(㋐ 　　　)。	ほとんど引き寄せられない。
塩酸を加えると発生する気体	においが (㋑ 　　　)。	独特のにおいがある。

無臭。　　腐卵臭（ふらんしゅう）がある。

●銅と硫黄の反応による変化…銅＋硫黄 ⟶ (③ 　　　)

●水素と酸素の反応による変化
…水素＋酸素 ⟶ (④ 　　　)

図2

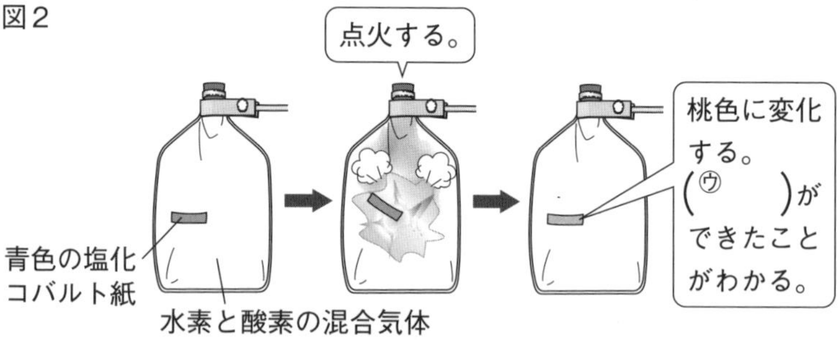
点火する。
桃色に変化する。
(㋒ 　)ができたことがわかる。
青色の塩化コバルト紙
水素と酸素の混合気体

●炭素と酸素の反応による変化
…炭素＋酸素 ⟶ (⑤ 　　　)

ココが要点の答えになります。

② 化学変化を化学式で表す

[教] p.42～p.48

1 化学変化を表す式

(1) (⑥　　　　) 化学式を組み合わせて化学変化を表した式。

(2) 鉄と硫黄が結びつく変化

図3
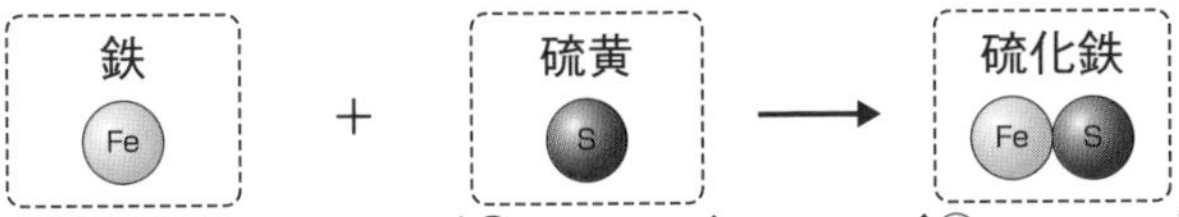

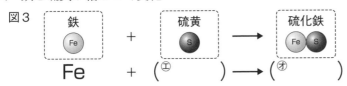

Fe　＋ (㋓　　　　) → (㋔　　　　)

(3) 炭素と酸素が結びつく変化

図4
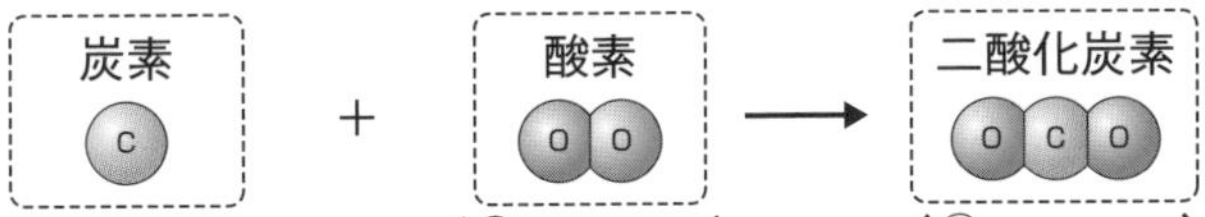

C　＋ (㋕　　　　) → (㋖　　　　)

(4) 水素と酸素が結びつく変化

図5 ❶反応前の物質名を → の左側に，反応後の物質名を → の右側に書き，その下にそれぞれの物質を(㋗　　　　)で表す。

水素　＋　酸素　→　水

H_2　＋　O_2　→　H_2O

❷ → の左右で，酸素原子 O の数を等しくするために，右側の水分子 H_2O を(㋘　　　)個ふやす。

H_2　＋　O_2　→　H_2O H_2O

❸ → の左右で，水素原子 H の数を等しくするために，左側の水素分子 H_2 を(㋙　　　)個ふやす。

H_2 H_2　＋　O_2　→　H_2O H_2O

❹水素分子2個は $2H_2$，水分子2個は $2H_2O$ と表せるので，化学反応式は次のようになる。

(㋚　　　) ＋ (㋛　　　) → (㋜　　　)

(5) 水の電気分解

(⑦　　　　) → (⑧　　　　) ＋ $\underline{O_2}$

(6) 炭酸水素ナトリウムの分解

$2NaHCO_3$ → (⑨　　　　) ＋ $\underline{CO_2}$ ＋ (⑩　液体　　)

(7) 酸化銀の分解

(⑪　　　　) → (⑫　固体　　) ＋ (⑬　気体　　)

満点ミッション

⑥化学反応式（かがくはんのうしき）
化学変化を化学式で表した式。化学反応（かがくはんのう）によって物質がどのように変化したのかわかる。また，反応の前後での物質の分子や原子の数の関係がわかる。

ポイント
化学反応式を書くときは，矢印の左右で原子の種類と数が合っているか，必ず確かめる。

⑦ $2H_2O$
水分子が2個あることを示している。

⑧ $2H_2$
水素分子が2個あることを示している。

⑨ Na_2CO_3
炭酸ナトリウムを表す化学式。

⑩ H_2O
水を表す化学式。

⑪ $2Ag_2O$
酸化銀が2個あることを示している。

⑫ 4Ag
銀が4個あることを示している。

⑬ O_2
酸素を表す化学式。

テストに出る！

予想問題

第2章　物質どうしの化学変化

🕐30分

/100点

🔵よく出る **1** 下の図のように，鉄粉と硫黄の粉末をよく混ぜ合わせ，2本の試験管A，Bに分けて入れた。Aの上部をガスバーナーで熱し，赤くなったら加熱をやめた。Bは熱しないでおいた。これについて，あとの問いに答えなさい。　　　　　　　　　　　4点×6〔24点〕

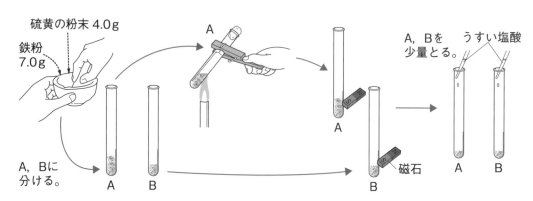

硫黄の粉末 4.0g
鉄粉 7.0g
A，Bに分ける。
A，Bを少量とる。
うすい塩酸
磁石

✏記述 (1) 試験管Aの上部を熱し，赤くなった後，加熱をやめた。Aの混合物はどのように変化するか。　（　　　　　　　　　　　　　　　　　）

(2) 熱した後のAに残った物質は，何という物質か。　　　　　（　　　　　　　）

(3) 熱した後のAと熱していないBに磁石を近づけた。磁石に強く引き寄せられたのは，A，Bのどちらか。　　　　　　　　　　　　　　　　　　　　　（　　　　）

(4) 熱した後のAにうすい塩酸を加えた。発生した気体ににおいはあるか。（　　　　）

(5) 熱していないBにうすい塩酸を加えた。発生した気体ににおいはあるか。
　　　　　　　　　　　　　　　　　　　　　　　　　　　（　　　　　　　）

(6) Aを熱したときの化学変化を，化学式を使って式に表しなさい。
　　　　　　　　　　　　　　（　　　　　　　　　　　　　　　　　）

2 炭素と酸素の結びつく変化について，次の問いに答えなさい。　3点×4〔12点〕

(1) この化学変化を，物質名を使って式に表した。（　）にあてはまる物質名を書きなさい。
　　　　　　　　　　　　　　　　　　　　（　　　　　　　　　　）

> 炭素　＋　酸素　⟶　（　　　）

(2) この化学変化を，原子・分子のモデルで表した。①，②にあてはまるモデルをかきなさい。ただし，炭素原子は©，酸素原子は◎で表すものとする。
　　　　　　　　　　　　　　　①（　　　　　　）　②（　　　　　　）

> ©　＋　（　①　）　⟶　（　②　）

(3) この化学変化を，化学式を使って式に表しなさい。（

3 水素と酸素が結びつく変化を，化学式を使って式に表そうとした。これについて，次の問いに答えなさい。　　　　　　　　　　　　　　　　　　　　　　　　　4点×5〔20点〕

(1) 水素と酸素が結びつくと，何という物質ができるか。　　（　　　　　　　）

(2) 水素と酸素を，それぞれ化学式で表しなさい。

水素（　　　　　　）　酸素（　　　　　　）

(3) 化学変化のようすを，化学式を使って表した式のことを何というか。

（　　　　　　　　）

(4) 水素と酸素が結びつく変化を，化学式を使って式に表しなさい。

（　　　　　　　　　　　　　　）

4 いろいろな物質の表し方について，次の問いに答えなさい。ただし，○は酸素原子，●は水素原子，◎は炭素原子，▢は銀原子，△はナトリウム原子，⊗は塩素原子を表すものとする。　　　　　　　　　　　　　　　　　　　　　　4点×8〔32点〕

(1) 下の表の物質について，①〜⑥にあてはまる物質名や化学式を書きなさい。

モデル	 ●●	⊗⊗	 ●○●	○◎○	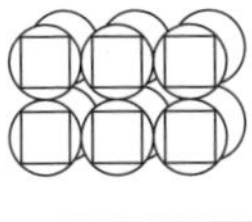 ▢▢▢▢	 ⊗△△⊗
物質名	①	塩素	③	二酸化炭素	銀	塩化ナトリウム
化学式	H_2	②	H_2O	④	⑤	⑥

(2) 次のア〜ウは，酸化銀（Ag_2O）が分解し，銀と酸素ができるようすを，モデルで表したものである。この化学変化を正しく表しているものを，ア〜ウから選びなさい。（　　　）

ア　▢○ ⟶ ▢ + ○

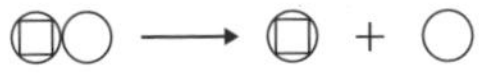

イ　▢○▢ ⟶ ▢ ▢ + ○

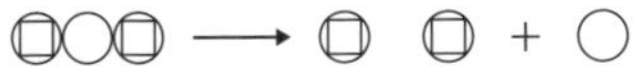

ウ　▢○▢ ⟶ ▢ ▢ + ○○

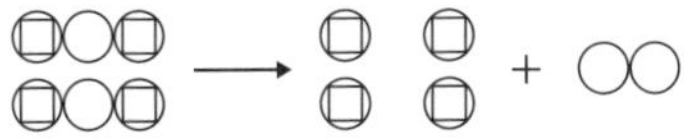

(3) (2)を参考にして，酸化銀の分解を化学反応式で表しなさい。

（　　　　　　　　　　　　　　）

5 炭酸水素ナトリウムの分解について表した下の化学反応式について，あとの問いに答えなさい。　　　　　　　　　　　　　　　　　　　　　　4点×3〔12点〕

$$2NaHCO_3 \longrightarrow Na_2CO_3 + （ ⑦ ） + H_2O$$
　　└ ⓘ　　　　　　　　　　　　　　　　└ ⓦ

(1) ⑦にあてはまる化学式を書きなさい。　　　　　　　（　　　　　　　）

記述 (2) ⓘとⓦの数字の2は，それぞれ何を意味しているか，書きなさい。

ⓘ（　　　　　　　　　　　　　　　）

ⓦ（　　　　　　　　　　　　　　　）

第3章　酸素がかかわる化学変化

満点★ミッション

①**酸素**
空気中に約21%ふくまれていて，空気中で物質を燃やしたとき，物質と結びつく。

ポイント
物質が酸素と結びつく化学変化で，性質の異なる別の物質になる。

②**酸化**
物質が酸素と結びつくこと。

③**酸化物**（さんかぶつ）
物質が酸素と結びついてできた物質。

④**燃焼**
物質が熱や光を出しながら激しく酸化されること。

⑤**酸化銅**
銅が酸素と結びついてできた物質。黒色で，銅とは異なる性質を示す。

テストに出る！　ココが要点　解答 p.3

① 物が燃える変化

[教] p.50〜p.55

[1] 物質が燃えるときの変化

(1)　鉄を燃やしたときの変化　鉄は（①　　　　）と結びつき，その分だけ質量が大きくなる。鉄を燃やした後の物質は鉄とは別の物質になっている。

図1

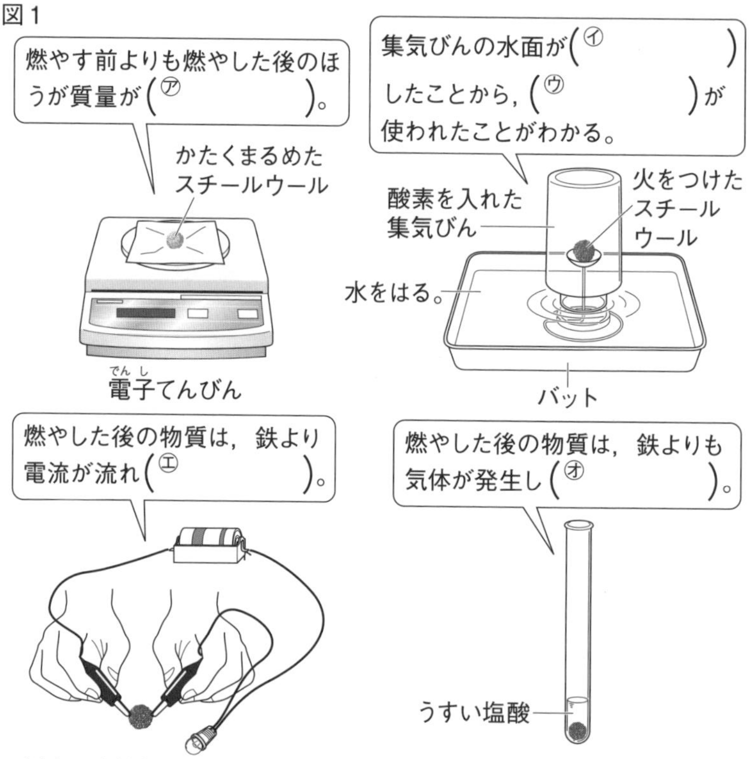

燃やす前よりも燃やした後のほうが質量が（㋐　　　）。
かたくまるめたスチールウール
電子てんびん
集気びんの水面が（㋑　　　）したことから，（㋒　　　）が使われたことがわかる。
酸素を入れた集気びん
火をつけたスチールウール
水をはる。
バット
燃やした後の物質は，鉄より電流が流れ（㋓　　　）。
燃やした後の物質は，鉄よりも気体が発生し（㋔　　　）。
うすい塩酸

(2)　酸化（さんか）と燃焼（ねんしょう）

- （②　　　　）…物質が酸素と結びつくこと。
- （③　　　　）…酸化によってできた物質。
- （④　　　　）…物質が，熱や光を出しながら激しく酸化されること。

(3)　金属の酸化　銅を加熱すると，熱や光は出ないが，金属光沢のない黒色の（⑤　　　　）になる。

図2

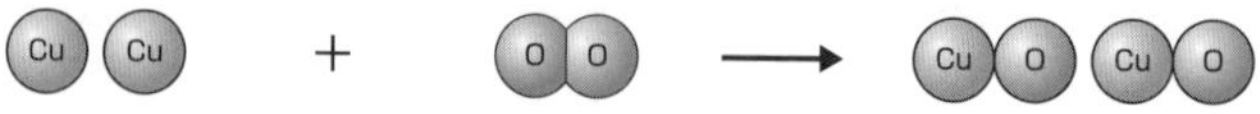

Cu
Cu
+
O
O
Cu
O
Cu
O

$2Cu + O_2 \longrightarrow$（㋕　　　）

(4)　金属の燃焼　マグネシウムは，空気中の酸素によって酸化されるときに，多量の熱や光を出して（⑥　　　　　　）になる。

図3
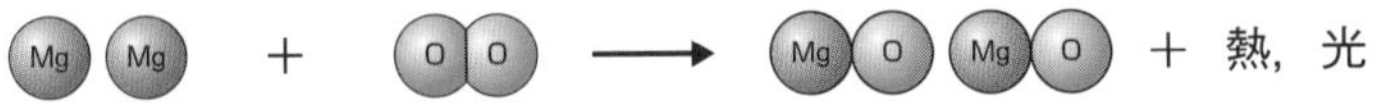
Mg Mg
+
O O
Mg O Mg O
+ 熱，光

$2Mg$ ＋ O_2 ⟶（㋖　　　　）

(5)　金属以外の物質の酸化

●炭素の酸化…（⑦　　　　　　）ができる。

図4
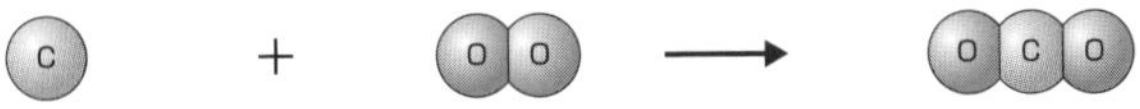
C
+
O O
O C O

C ＋ O_2 ⟶（㋗　　　　）

●水素の酸化…（⑧　　　　　　）ができる。

図5
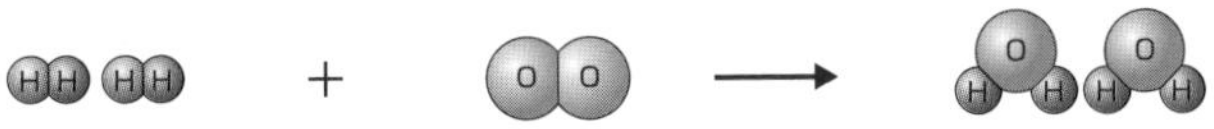
H H H H
+
O O
O O
H H H H

$2H_2$ ＋ O_2 ⟶（㋘　　　　）

2 酸化物から酸素をとる化学変化

[教] p.56～p.62

1 金属の酸化物から酸素をとる

(1)　酸化銅から酸素をとる化学変化　酸化銅に炭素を混ぜ合わせて加熱すると，（⑨　　　　　　）が酸化銅から酸素をうばって二酸化炭素になり，赤色の（⑩　　　　　　）ができる。

図6
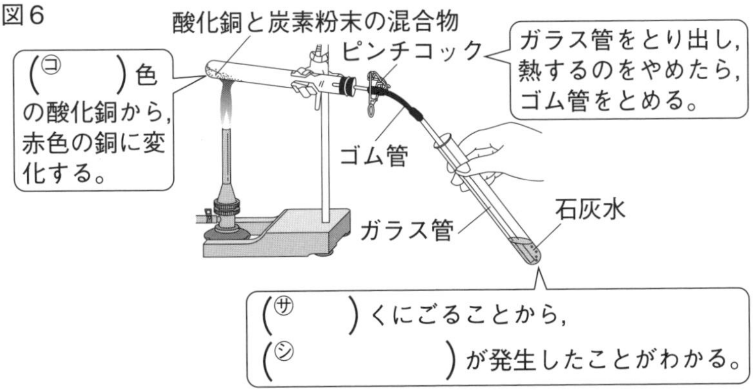
酸化銅と炭素粉末の混合物
ピンチコック
ガラス管をとり出し，熱するのをやめたら，ゴム管をとめる。
（㋙　　）色の酸化銅から，赤色の銅に変化する。
ゴム管
石灰水
ガラス管
（㋚　　）くにごることから，（㋛　　　　）が発生したことがわかる。

(2)　（⑪　　　　　　）　酸化物が酸素をうばわれる化学変化。同時に酸化が起きる。

図7

（㋜　　　　）

$2CuO$ ＋ C ⟶ $2Cu$ ＋ CO_2

（㋝　　　　）

(3)　いろいろな物質による酸化銅の還元（かんげん）　酸化銅は，最も軽い気体である（⑫　　　　　　）やエタノール，デンプン，砂糖，ブドウ糖（とう）などでも還元することができる。

満点ミッション

⑥酸化マグネシウム
マグネシウムが酸化されてできる物質。マグネシウムの原子と酸素の原子が1：1で結びついている。

⑦二酸化炭素
石灰水を白くにごらせる気体。

⑧水
水素と酸素の混合気体に点火すると，爆発的に反応してできる。

⑨炭素
化学式はC。銅より酸素と結びつきやすい。

⑩銅
化学式Cuで表される赤色の金属。酸化されると黒色になる。

⑪還元
酸化物が酸素をうばわれる化学変化。

⑫水素
酸化銅を熱して水素の中に入れると，酸化銅が還元されるのと同時に水素が酸化され，水になる。

ポイント

銅より酸化されやすい物質が，銅を還元することができる。

テストに出る！

予想問題

第3章　酸素がかかわる化学変化

⏱ 30分

/100点

よく出る **1** スチールウール(鉄)を加熱し，その変化について調べた。これについて，あとの問いに答えなさい。

4点×10〔40点〕

❶質量をはかる。　❷酸素の中で燃やす。　❸加熱前後の物質の性質を調べる。

(1) ❶で，加熱前のスチールウールと加熱後の物質の質量を調べた。スチールウールを加熱すると，質量はどうなるか。　　　　　　　　　　　　　　　　　　　（　　　　　　）

(2) ❷で，スチールウールに火をつけ，酸素をじゅうぶんに入れた集気びんをかぶせた。このとき，集気びんの中の水面はどうなるか。次のア〜ウから選びなさい。　（　　　）

ア　上昇する。

イ　下降する。

ウ　変化が見られない。

記述 (3) (2)のように水面が変化した理由を書きなさい。

（　　　　　　　　　　　　　　　　　　　　　　　　　　　　　　　　）

(4) スチールウールを空気中で加熱すると，何と結びつくか。　　　（　　　　　　）

(5) (4)の物質と結びついてできた物質のことを，いっぱんに何というか。

（　　　　　　）

(6) ❸で，電流が流れにくかったのは，加熱前と加熱後のどちらの物質か。次のア，イから選びなさい。　　　　　　　　　　　　　　　　　　　　　　　　　（　　　）

ア　加熱前のスチールウール

イ　加熱後の物質

(7) ❸で，加熱前と加熱後の物質をそれぞれうすい塩酸に入れるとどうなったか。次のア〜ウから選びなさい。　　　　　　　　　　　　　　　　　　　　　　　（　　　）

ア　加熱前の物質も，加熱後の物質も，さかんに気体が発生した。

イ　加熱前の物質に比べて，加熱後の物質は気体が発生しにくくなった。

ウ　加熱前の物質に比べて，加熱後の物質はさかんに気体が発生した。

(8) この実験で，加熱後にできた物質は何か。　　　　　　　　　（　　　　　　）

(9) スチールウールのかわりに銅とマグネシウムを燃やしたときの化学変化を，それぞれ化学反応式で表しなさい。　　　　　　　銅（　　　　　　　　　　　　　）

マグネシウム（　　　　　　　　　　　）

2 物質の酸化について，次の問いに答えなさい。　　　　　　　　　　　3点×10〔30点〕

(1) 酸化の中で，熱や光を出しながら激しく反応するものを何というか。（　　　　　　　　）

(2) 炭素の酸化を，化学反応式で表しなさい。　　　　　（　　　　　　　　　　　　　　）

(3) 水素の酸化を，化学反応式で表しなさい。　　　　　（　　　　　　　　　　　　　　）

(4) エタノールを燃やしたときにできる物質を，2つ書きなさい。

　　　　　　　　　　　　　　　　　　　　（　　　　　　　　）（　　　　　　　　）

(5) エタノールのように，燃やすと(4)の物質ができる物質のことを何というか。

　　　　　　　　　　　　　　　　　　　　　　　　　　　　（　　　　　　　　）

(6) 次の文の（　）にあてはまる言葉を書きなさい。

　　①（　　　　　　）　②（　　　　　　）　③（　　　　　　）　④（　　　　　　）

> 銅を空気中で加熱すると，（ ① ）色の（ ② ）ができる。また，金属のさびは，空気中の（ ③ ）によって表面が（ ④ ）してできる。

3 右の図1のような装置を使って，酸化銅と炭素粉末の混合物を加熱した。また，図2はこの化学変化を式で表したものである。次の問いに答えなさい。　　　　　3点×10〔30点〕

よく出る

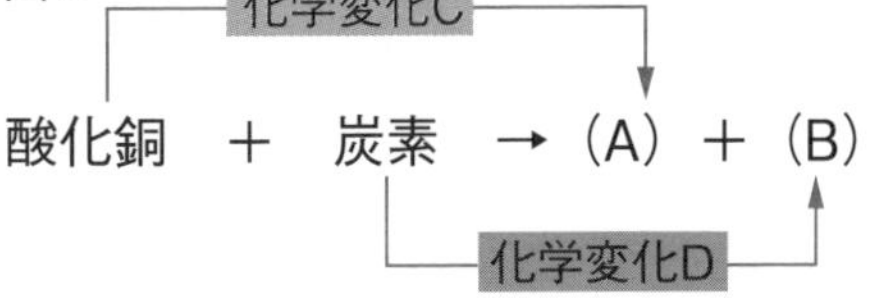

(1) 酸化銅は，何色から何色に変化したか。

　　　　　　　　（　　　　　　　　　　）

(2) 酸化銅は，何という物質（A）に変化したか。

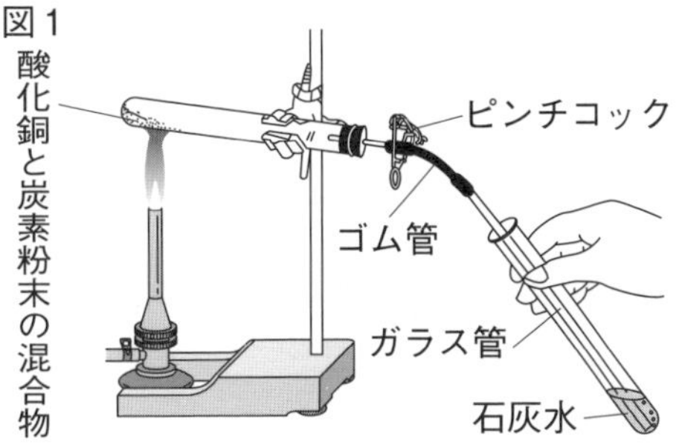

　　　　　　　　（　　　　　　　　　　）

(3) 石灰水はどのようになったか。

　　　　（　　　　　　　　　　　　　　）

(4) 試験管から発生した気体（B）は何か。

　　　　　　　（　　　　　　　　　　　）

(5) この化学変化で，酸化銅は何に酸素をうばわれたか。　　　（　　　　　　　　　　）

記述 (6) ガラス管をぬいたあと，加熱をやめ，ゴム管をピンチコックでとめた。ゴム管をピンチコックでとめた理由を書きなさい。

　　（　　　　　　　　　　　　　　　　　　　　　　　　　　　　　　　　　　　）

(7) この化学変化を，化学反応式で表しなさい。　　（　　　　　　　　　　　　　　）

(8) 図2の化学変化C，Dを，それぞれ何というか。

　　　　　　　　　　　　　　　　　C（　　　　　　　　）　D（　　　　　　　　）

(9) 炭素のかわりに水素を使って酸化銅から酸素をうばった。このときの化学変化について，（　）にあてはまる物質名を書きなさい。　　　　　　（　　　　　　　　　）

> 酸化銅　＋　水素　──→　銅　＋　（　　　　　）

図1

酸化銅と炭素粉末の混合物

ピンチコック

ゴム管

ガラス管

石灰水

図2

化学変化C

酸化銅　＋　炭素　→　（A）　＋　（B）

化学変化D

第4章　化学変化と物質の質量
第5章　化学変化とその利用

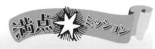

満点★ミッション

①質量保存の法則
化学変化の前と後で，物質全体の質量は変わらないという法則。

②硫酸バリウム
うすい硫酸とうすい塩化バリウム水溶液を混ぜ合わせるとできる，白い沈殿。

③二酸化炭素
石灰水を白くにごらせる気体。

ポイント
化学変化の前後では，物質をつくる原子の組み合わせが変化するが，原子が新しくできたりなくなったりはしない。

④酸素
空気中に約21%ふくまれる気体。いろいろな物質と結びつき，酸化物ができる。

ココが要点の答えになります。

テストに出る！ ココが要点　解答 p.4

① 化学変化と質量の変化　[教] p.64〜p.67

1 化学変化の前と後の質量の変化

(1) (① 　　　) 化学変化の前と後で，物質全体の質量が変わらないという法則。

(2) 沈殿ができる反応　硫酸と塩化バリウム水溶液を混ぜると，(② 　　　)という白い沈殿ができ，全体の質量は変わらない。

図1
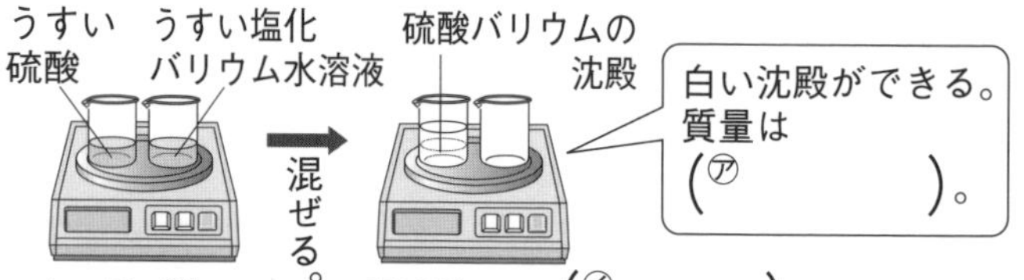

うすい硫酸
うすい塩化バリウム水溶液
混ぜる。
硫酸バリウムの沈殿
白い沈殿ができる。質量は(㋐ 　　　)。

$H_2SO_4 + BaCl_2 \longrightarrow 2HCl +$ (㋑ 　　　)

(3) 気体が発生する反応　炭酸水素ナトリウムとうすい塩酸を混ぜる。
- 密閉しない場合…全体の質量は小さくなる。これは，発生した(③ 　　　)が空気中に出ていき，その分の質量が小さくなるためである。
- 密閉した場合…全体の質量は変わらない。

図2
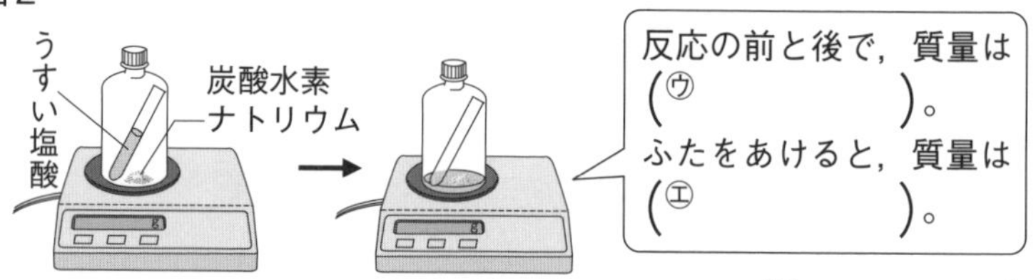

うすい塩酸
炭酸水素ナトリウム
反応の前と後で，質量は(㋒ 　　　)。
ふたをあけると，質量は(㋓ 　　　)。

$NaHCO_3 + HCl \longrightarrow NaCl + H_2O +$ (㋔ 　　　)

② 物質と物質が結びつくときの物質の割合　[教] p.68〜p.72

1 金属を熱したときの質量の変化

(1) 金属を熱したとき　金属を空気中で熱すると，空気中の(④ 　　　)と結びつく。

(2) 金属を熱したときの質量の変化　金属をくり返し熱しても，質量はある値以上には大きくならない。

図3
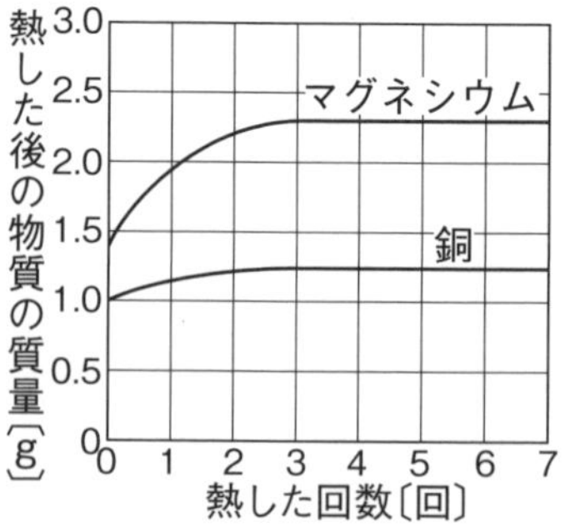

熱した後の物質の質量〔g〕
3.0
2.5
2.0
1.5
1.0
0.5
0
マグネシウム
銅
0 1 2 3 4 5 6 7
熱した回数〔回〕

(3)　物質と物質が結びつくときの質量の割合　2種類の物質が結びつくとき，それぞれの物質の質量の比は一定になる。

図4
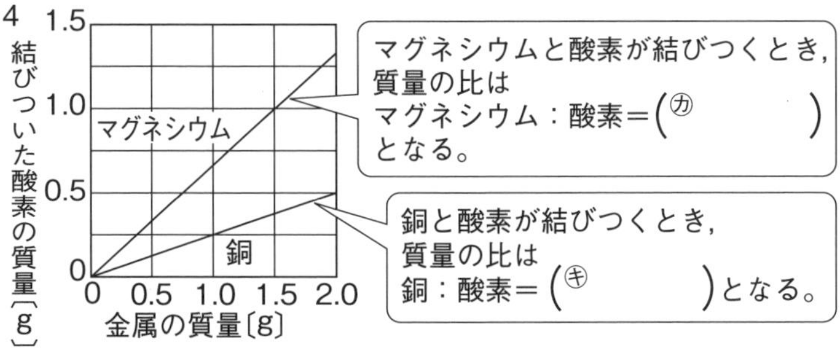
1.5
1.0
0.5
0
結びついた酸素の質量〔g〕
マグネシウム
銅
0　0.5　1.0　1.5　2.0
金属の質量〔g〕
マグネシウムと酸素が結びつくとき，質量の比は
マグネシウム：酸素＝（㋕　　　）
となる。
銅と酸素が結びつくとき，質量の比は
銅：酸素＝（㋖　　　）となる。

③ 化学変化と熱

[教] p.74～p.77

[1] 化学変化による温度変化

(1)　（⑤　　　　　）化学変化が起こるときに，熱を周囲に出し，温度が上がる反応。

図5
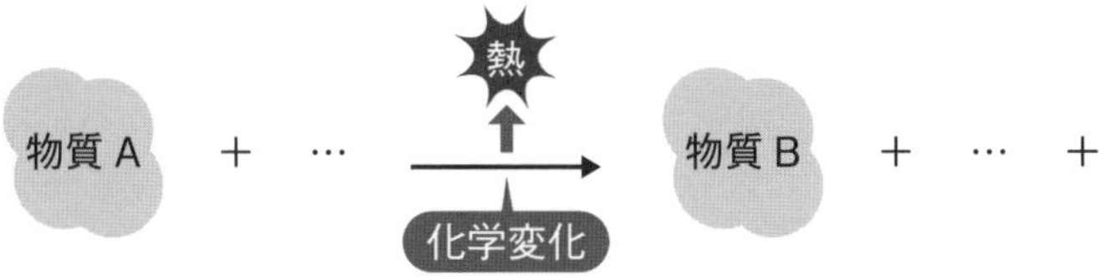
熱
物質A　＋　…
化学変化
物質B　＋　…　＋

(2)　（⑥　　　　　）化学変化が起こるときに，周囲から熱をうばい，温度が下がる反応。

図6
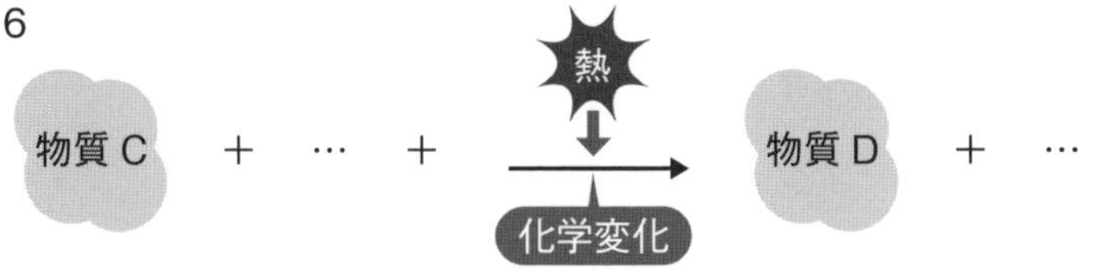
熱
物質C　＋　…　＋
化学変化
物質D　＋　…

図7 ●鉄粉の酸化(化学かいろ)●
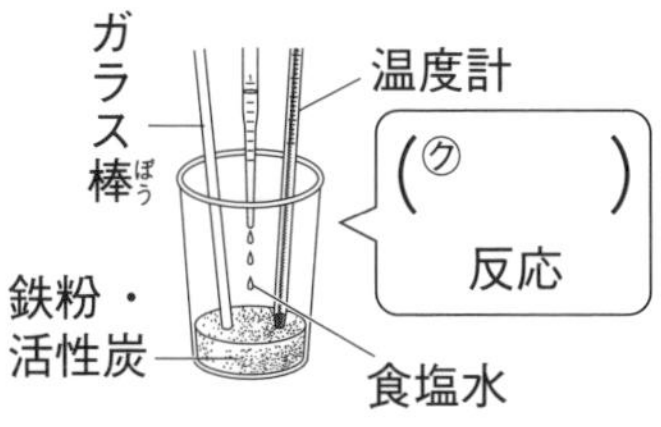
ガラス棒
温度計
（㋗　　　）
反応
鉄粉・活性炭
食塩水

図8 ●アンモニアの発生●
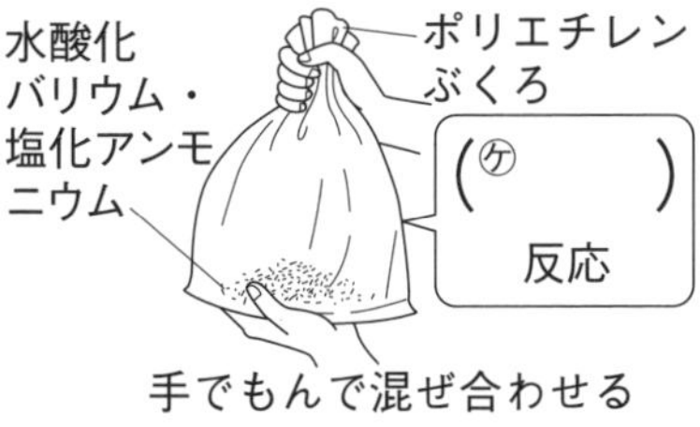
水酸化バリウム・塩化アンモニウム
ポリエチレンぶくろ
（㋘　　　）
反応
手でもんで混ぜ合わせる

(3)　（⑦　　　　　　）もともと物質がもっているエネルギー。

④ 私たちのくらしと化学変化

[教] p.78～p.79

- 燃料…多くは有機物(ゆうきぶつ)で，燃やすと二酸化炭素と水ができる。
- 胃薬…炭酸水素ナトリウムと胃酸(塩酸)との化学変化によって胃酸の量を調整している。
- 素材…化学変化を利用して，新しい素材をつくる。

満点ミッション

ポイント

原点を通る直線のグラフ→金属の質量と結びついた酸素の質量は比例している。

⑤**発熱反応**(はつねつはんのう)
化学変化が起きるとき，熱を周囲に出し，温度が上がる反応。図7の化学かいろや鉄と硫黄の反応など。

⑥**吸熱反応**(きゅうねつはんのう)
化学変化が起きるとき，熱を周囲からうばい，温度が下がる反応。図8のアンモニアの発生や冷却パックなど。

⑦**化学エネルギー**(かがく)
もともと物質がもっているエネルギー。化学変化によって，熱などとして物質からとり出すことができる。

テストに出る！
予想問題

第4章　化学変化と物質の質量
第5章　化学変化とその利用

⏱30分

/100点

よく出る 1　下の図のように，容器の中で物質を化学変化させ，その前後で質量が変化するかどうかを調べた。これについて，あとの問いに答えなさい。

3点×8〔24点〕

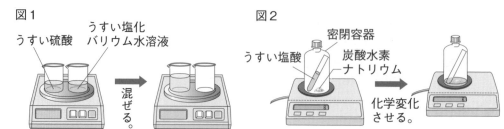

図1　うすい硫酸　うすい塩化バリウム水溶液　混ぜる。

図2　密閉容器　うすい塩酸　炭酸水素ナトリウム　化学変化させる。

(1) 図1で，溶液どうしを混ぜると，何の沈殿ができるか。また，その色は何色か。

沈殿（　　　　　　　）色（　　　　　　　）

(2) 図1で，化学変化の前後で全体の質量は変化するか。　　（　　　　　　　　）

(3) 化学変化の前後で，全体の質量が(2)のようになるという法則を，何というか。

（　　　　　　　　　）

(4) 図2で発生する気体は何か。　　　　　　　　　　　（　　　　　　　　　）

(5) 図2で，化学変化後の全体の質量は，化学変化前の全体の質量と比べてどうなっているか。　　　　　　　　　　　　　　　　　　　　　（　　　　　　　　　）

(6) 図2で，化学変化後に容器のふたをあけて全体の質量をはかると，化学変化前に比べてどうなっているか。　　　　　　　　　　　　　（　　　　　　　　　）

記述 (7) (6)のようになる理由を簡単に書きなさい。

（　　　　　　　　　　　　　　　　　　　　　　　　　　　）

2　マグネシウムを熱し，加熱前のマグネシウムの質量と，増加した質量の関係をグラフに表した。これについて，次の問いに答えなさい。

4点×6〔24点〕

(1) マグネシウムと空気中の酸素が結びついてできた化合物は何か。　　　　　　　　（　　　　　　　　）

(2) マグネシウム0.6gと結びついた酸素の質量は何gか。

（　　　　　　　　）

(3) マグネシウムと，結びついた酸素の質量比を求めなさい。　　マグネシウム：酸素＝（　　：　　）

(4) マグネシウム0.6gから，(1)の化合物は何gできるか。

（　　　　　　　　）

(5) マグネシウムと，できた(1)の化合物の質量比を求めなさい。

マグネシウム：(1)の化合物＝（　　：　　）

(6) マグネシウムから(1)の化合物を15g得るには，酸素は何g必要か。　　（　　　　　　　　）

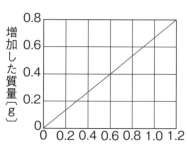

加熱前のマグネシウムの質量〔g〕

増加した質量〔g〕

3 銅の粉末を熱し，加熱前の銅の質量と，できた化合物の質量の関係をグラフに表した。これについて，次の問いに答えなさい。

3点×8〔24点〕

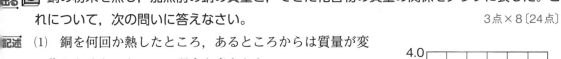

(1) 銅を何回か熱したところ，あるところからは質量が変化しなくなった。この理由を書きなさい。

(　　　　　　　　　　　　　　　)

(2) 銅と空気中の酸素が結びついてできた化合物は何か。

(　　　　　　)

(3) 銅2.0gから(2)の化合物は何gできるか。

(　　　　　　)

(4) 銅2.0gと結びついた酸素の質量は何gか。

(　　　　　　)

(5) 銅と，結びつく酸素の質量比を求めなさい。

銅：酸素＝(　　　：　　　)

(6) 銅24gと酸素8gを反応させたとき，銅と酸素のどちらが残るか。(　　　　　　)

(7) (6)の化学変化で残った物質の質量は何gか。(　　　　　　)

(8) (6)の化学変化でできた，(2)の化合物の質量は何gか。(　　　　　　)

4 下の図は，いろいろな化学変化について調べたものである。これについて，あとの問いに答えなさい。

4点×7〔28点〕

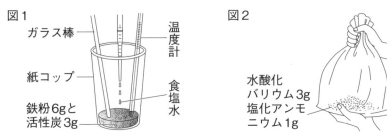

(1) 図1では，鉄粉と活性炭を混ぜたものに食塩水をたらしてよく混ぜた。このとき，温度はどうなるか。次のア〜ウから選びなさい。(　　　)

ア 上がる。　　イ 下がる。　　ウ 変化しない。

(2) (1)のような反応を何というか。(　　　　　　)

(3) 図1の鉄粉に起こった化学変化は何か。(　　　　　　)

(4) 図2では，水酸化バリウムと塩化アンモニウムを混ぜ合わせた。このとき，温度はどうなるか。(1)のア〜ウから選びなさい。(　　　)

(5) (4)のような反応を何というか。(　　　　　　)

(6) 図2で発生する気体は何か。(　　　　　　)

(7) これらの実験から，化学変化が起こるときには何が出入りしていると考えられるか。

(　　　　　　)

教科書 p.88～p.117

単元2 生物のからだのつくりとはたらき

第１章　生物と細胞
第２章　植物のからだのつくりとはたらき(1)

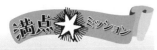

テストに出る！ ココが要点　解答 p.5

① 水中の小さな生物　教 p.92～p.95

1 水中の小さな生物

(1)　水中の小さな生物　さまざまな形や大きさの生物が見られる。

図１

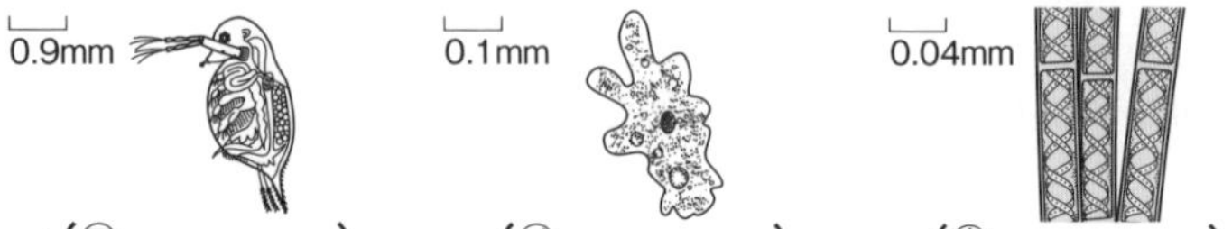

0.9mm
0.1mm
0.04mm

(㋐　　　)　(㋑　　　)　(㋒　　　)

② 細胞のつくり　教 p.96～p.103

1 植物の細胞

(1)　葉の細胞

● (①　　　　)…細胞に１個あり，酢酸オルセイン，酢酸カーミンなどの染色液によく染まる。

● (②　　　　)…緑色の粒。

● (③　　　　)…無色で透明なふくろ状のもの。

● (④　　　　)…細胞の外側を囲み，植物のからだを支える。

● (⑤　　　　)…細胞の外側のうすい膜。

(2)　葉の表皮に見られるつくり

● (⑥　　　　)…２つの三日月形の孔辺細胞に囲まれたすきま。

図２

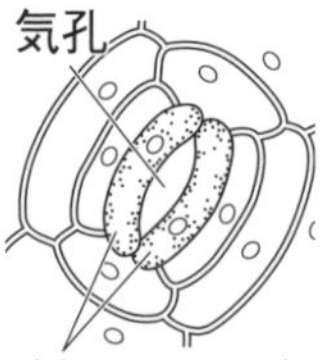

気孔

(㋓　　　)

(3)　葉の断面に見られるつくり

● (⑦　　　　)…管が集まったつくり。(葉脈)

2 動物の細胞

(1)　植物の細胞のつくりとの共通点と相違点

●核と細胞膜

● (⑧　　　　)…細胞膜と，その内側の核以外の部分。

図３

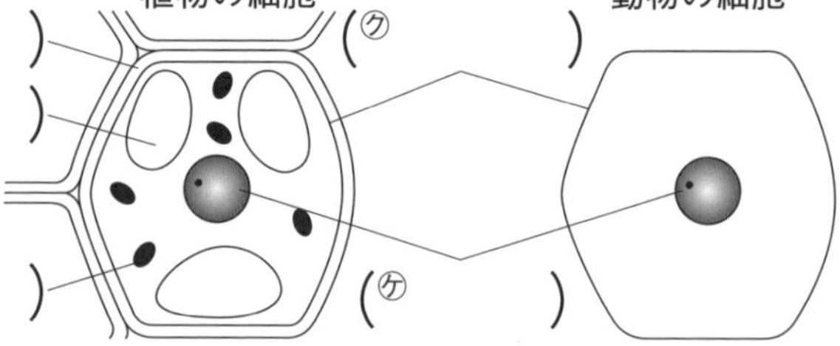

植物の細胞
動物の細胞

(㋔　　　)　(㋕　　　)　(㋖　　　)　(㋗　　　)　(㋘　　　)

満点★ミッション

①核
酢酸オルセインなどの染色液によく染まる。図３の㋘。

②葉緑体
植物の緑色の部分の細胞にある。図３の㋖。

③液胞
細胞の活動にともなってできた物質や水が入っているふくろ状のもの。植物の細胞に見られる。図３の㋕。

④細胞壁
細胞の形を維持し，植物のからだを支えている。図３の㋔。

⑤細胞膜
細胞を囲んでいるうすい膜。図３の㋗。

⑥気孔
葉の表皮に見られるすきま。閉じたり開いたりして気体や水蒸気などが出入りする。

⑦維管束
管が集まっているつくり。

⑧細胞質
図３の㋔と㋘以外の部分。植物では，細胞質に葉緑体や液胞が見られる。

ココが要点の答えになります。

③ 生物のからだと細胞
教 p.104〜p.108

1 単細胞生物の細胞

(1) （⑨　　　　　　　）からだが**1つ**の細胞でできている生物。からだを動かしたり養分をとりこんだりするためのしくみが，1個の細胞の中にある。　**例**ゾウリムシ，ミカヅキモ，ミドリムシ

図4　（ヨ　　　　　）　　　　　　　（サ　　　　　　）

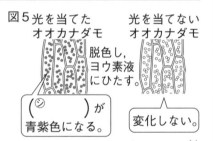

核
葉緑体
食物を
とりこむ
ところ
核

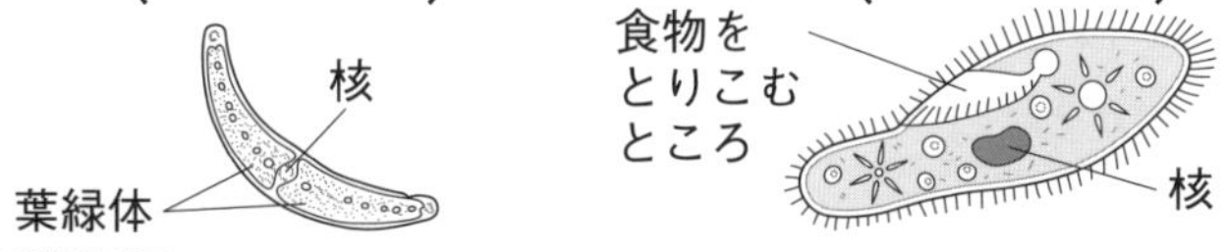

2 多細胞生物の細胞

(1) （⑩　　　　　　　）からだが**多数**の細胞からできている生物。形やはたらきが同じ細胞が集まって（⑪　　　　　　　）をつくり，いくつかの種類の<u>組織</u>が集まって（⑫　　　　　　　）となり，特定のはたらきをする。そしていくつかの<u>器官</u>が集まってできたのが（⑬　　　　　）である。　**例**ヒト

④ 葉と光合成
教 p.110〜p.117

1 光合成が行われる場所

(1) （⑭　　　　　　　）
植物が光を受けて，<u>デンプン</u>などの養分をつくるはたらき。葉の細胞の中の<u>葉緑体</u>で行われている。

図5 光を当てた
オオカナダモ
光を当てない
オオカナダモ

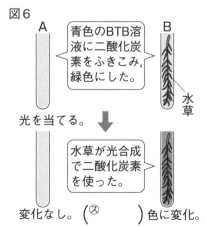

脱色し，ヨウ素液にひたす。
（シ　　　　）が青紫色になる。
変化しない。

(2) 光合成で発生する気体　オオカナダモに光を当てて出てきた泡に線香の火を近づけると線香が<u>激しく燃える</u>ことから，この気体は（⑮　　　　　）であることがわかる。

2 光合成に必要なもの

(1) 光合成に必要なもの
光合成では，葉の裏にある<u>気孔</u>からとりこんだ（⑯　　　　　　）と，<u>根</u>から吸い上げられる（⑰　　　　　　）を材料として，デンプンなどの<u>有機物</u>と，気体である<u>酸素</u>がつくられている。

図6

A
青色のBTB溶液に二酸化炭素をふきこみ，緑色にした。
B
水草

光を当てる。

水草が光合成で二酸化炭素を使った。

変化なし。　　（ス　　　　）色に変化。

---

⑨**単細胞生物**
1個の細胞の中に生命活動に必要なしくみが備わっている。

⑩**多細胞生物**
はたらきの異なる多数の細胞が役割分担して生命活動を行っている。

⑪**組織**
形やはたらきが同じ細胞が集まったもの。

⑫**器官**
いくつかの種類の組織が集まって特定のはたらきをする部分。

⑬**個体**
いくつかの器官が集まったもの。

ポイント

個体…植物
器官…葉, 茎, 根など
組織…表皮組織,
　　　葉肉組織など
細胞…表皮細胞,
　　　葉肉細胞など

⑭**光合成**
植物が，成長や生きていくのに必要な養分をつくるはたらき。

⑮**酸素**
物質を燃やすはたらきがある気体。

⑯**二酸化炭素**
水にとけて酸性を示す気体。また，石灰水を白くにごらせる。

⑰**水**
光合成の材料の1つ。

テストに出る！
予想問題　第1章　生物と細胞　第2章　植物のからだのつくりとはたらき(1)

30分　/100点

1 右の図1のステージ上下式顕微鏡(けんびきょう)について，次の問いに答えなさい。　3点×7〔21点〕

図1
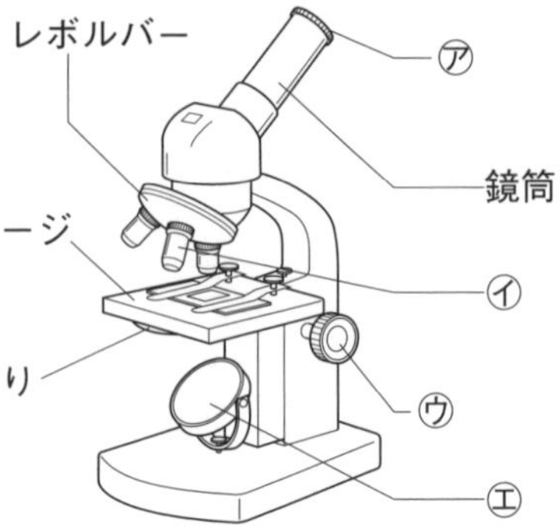

(1)　図1の㋐〜㋓の部分をそれぞれ何というか。
　㋐(　　　　　)　㋑(　　　　　)
　㋒(　　　　　)　㋓(　　　　　)

(2)　顕微鏡の正しい使い方の手順になるように，次のア〜エを並べなさい。
(　→　→　→　)

ア　㋐をのぞき，㋒を回し，プレパラートと㋑を遠ざけながら，ピントを合わせる。
イ　プレパラートをステージにのせる。
ウ　㋐をのぞきながら，㋓を調節して，視野が明るく見えるようにする。
エ　真横から見ながら，㋒を回し，プレパラートと㋑をできるだけ近づける。

(3)　視野の明るさが不均一のとき，どの部分を操作するか。図1の㋐〜㋓から選びなさい。
(　　)

(4)　右の図2は，池の水を顕微鏡で観察したときの視野のようすである。視野のすみに見えている生物を中央に移動させるには，プレパラートをどの向きに動かすか。図2の㋐〜㋓から選びなさい。
(　　)

図2
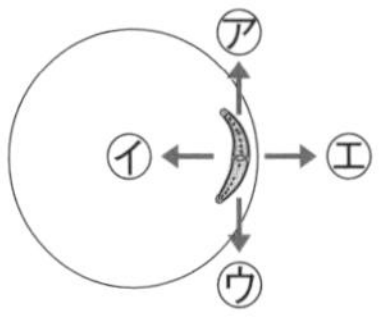

よく出る **2** 右の図は，植物と動物の細胞を模式的に示したものである。これについて，次の問いに答えなさい。　3点×10〔30点〕

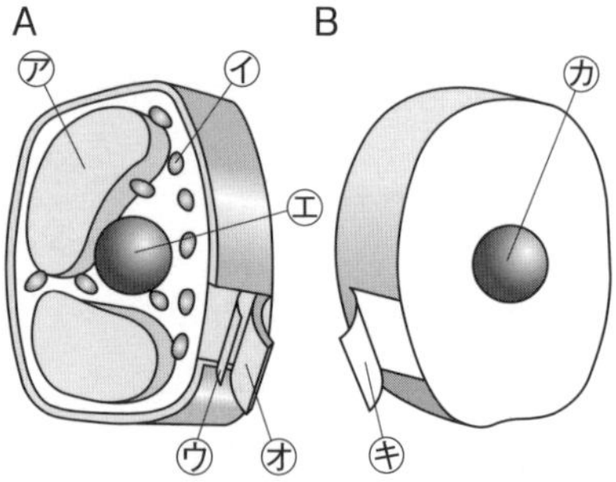

(1)　動物の細胞は，A，Bのどちらか。　(　　)

(2)　植物の細胞だけにあるつくりの名前を3つ書きなさい。
(　　　　　)(　　　　　)(　　　　　)

(3)　㋓，㋔，㋕以外の部分をまとめて何というか。
(　　　　　)

(4)　次の①〜④にあてはまる部分を，それぞれ㋐〜㋖からすべて選びなさい。
①　植物の細胞の外側を囲み，植物のからだを支える。　(　　　)
②　細胞に1個ある，まるいもの。　(　　　)
③　緑色で，光合成をする。　(　　　)
④　細胞の活動でできた物質や水が入っている。　(　　　)

(5)　細胞を観察するとき，㋓や㋕の部分は，ある薬品を使って染めると見やすくなる。この薬品は何か。　(　　　　　)

3 からだをつくる細胞の数で生物を分類したとき，次の問いに答えなさい。　4点×5〔20点〕

(1) からだをつくる細胞の数で分類したとき，ミドリムシやゾウリムシは何生物のなかまにあてはまるか。　　　　（　　　　　　　）

(2) 多数の細胞からできている生物を，何生物というか。　　　（　　　　　　　）

(3) (2)の生物のからだで，形やはたらきが同じ細胞が集まってつくられるものを，何というか。　　　　　　　　　　　　　　　　　　　　　（　　　　　　　）

(4) (3)がいくつか集まり，特定のはたらきをする部分を，何というか。　（　　　　　　　）

(5) (4)が集まってつくられるものを何というか。　　　　　（　　　　　　　）

4 右の図のように，光をよく当てたオオカナダモの葉と当てなかった葉をそれぞれエタノールに入れて脱色した。その後，水ですすいだ葉にヨウ素液をたらして，顕微鏡で観察した。これについて，次の問いに答えなさい。　　　3点×3〔9点〕

記述 (1) 図のように，エタノールを直接加熱しないのはなぜか。
（　　　　　　　　　　　　　　　　　　　　　）

(2) ヨウ素液をたらして観察すると，光をよく当てた葉の細胞の中の粒だけが青紫色に染まった。この粒の部分を何というか。　　　　　　（　　　　　　　）

記述 (3) この実験からわかることを簡単に書きなさい。
（　　　　　　　　　　　　　　　　　　　　　　　　　　　　　　）

オオカナ
ダモの葉
熱湯
エタノール

5 右の図1のように試験管A，Bに葉を入れ，Cには何も入れず，A〜Cに息をふきこんだ。次に，図2のようにゴム栓でふたをし，Bだけアルミニウムはくを巻いた。3本の試験管に光を当てた後，図3のようにそれぞれに石灰水を入れて，試験管をよくふった。これについて，次の問いに答えなさい。　　　4点×5〔20点〕

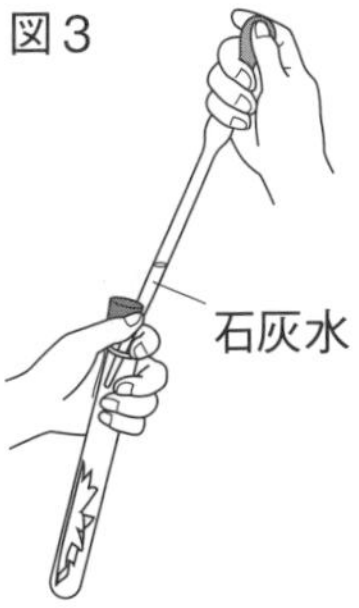

(1) Cの試験管は，Aの試験管と比べると，何の条件だけがちがうか。
（　　　　　　　　　　　　　　　　　　）

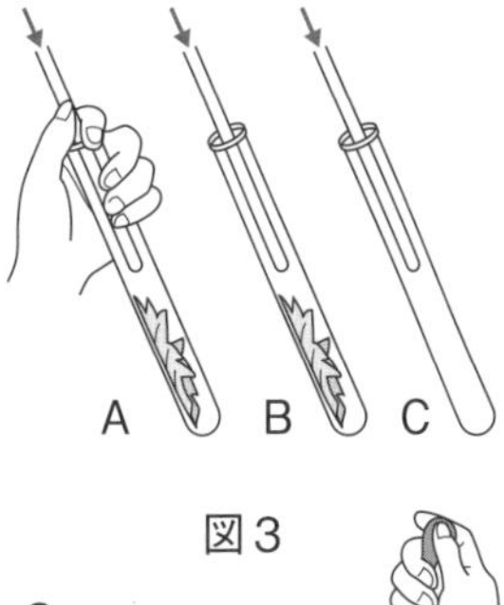

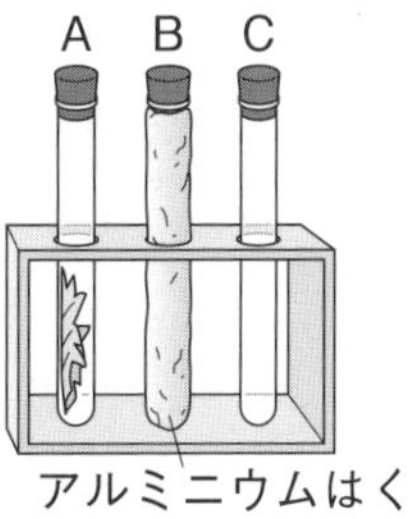

(2) Cの試験管のように，影響を知りたい条件以外を同じにして行う実験を何というか。
（　　　　　　　　　　　　）

(3) 石灰水が白くにごるのは，何という気体が多くふくまれているときか。（　　　　　　　）

(4) 石灰水が白くにごらなかったのは，A〜Cのどれか。　　　　　　　　　　　（　　　　）

記述 (5) (4)の石灰水が白くにごらなかったのはなぜか。理由を書きなさい。
（　　　　　　　　　　　　　　　　　　　　　　　　　　　　　　）

図1

図2
A　B　C

図3
石灰水

アルミニウムはく

第2章　植物のからだのつくりとはたらき(2)

満点★ミッション

①呼吸
　酸素をとり入れ，二酸化炭素を出すはたらき。

②光合成
　植物が，二酸化炭素と水を使ってデンプンなどの有機物をつくること。

ミス注意！
光合成は昼に，呼吸は昼も夜も行われている。

③吸水
　根から水をとりこむしくみ。蒸散が原動力となる。

④蒸散
　葉が水を水蒸気として排出するしくみ。

⑤気孔
　葉の表皮にある，三日月形の細胞に囲まれたすきま。二酸化炭素や酸素などの気体も出入りする。

テストに出る！ ココが要点　　解答 p.6

① 植物と呼吸

教 p.118〜p.119

1 呼吸と光合成

(1) （①　　　　） 空気中の酸素をとり入れ，二酸化炭素を出すはたらき。植物も，動物と同じように一日中行う。

(2) 呼吸と光合成　昼は（②　　　　）が行われるため，<u>呼吸</u>で放出される二酸化炭素よりも<u>光合成</u>で吸収される二酸化炭素の方が多い。また，<u>呼吸</u>で使われる酸素よりも<u>光合成</u>で放出される酸素が多いため，酸素だけを放出しているように見える。

図1

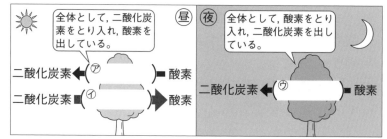

② 植物と水・水の通り道

教 p.120〜p.128

1 吸水と蒸散の関係

(1) （③　　　　） 植物が<u>根</u>から水を吸い上げること。

図2

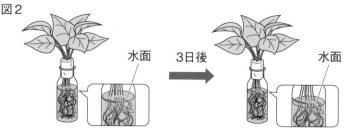

(2) （④　　　　） 根から吸い上げられた水が，<u>気孔</u>などから水蒸気になって出ていくこと。

（⑤　　　　）は葉の<u>裏側</u>に多く，開閉により蒸散量を調整する。

図3

(3) 吸水と蒸散の関係　葉の<u>気孔</u>で蒸散が行われると，<u>吸水</u>が起こる。

2 水の通り道

(1) 根のはたらき　水や水にとけた肥料分を吸収すること。

● (⑥　　　　)
…根の先端より少しもとの部分にある綿毛のようなもの。根の表面積を広げ，多くの水や肥料分をとりこむことができる。

図4

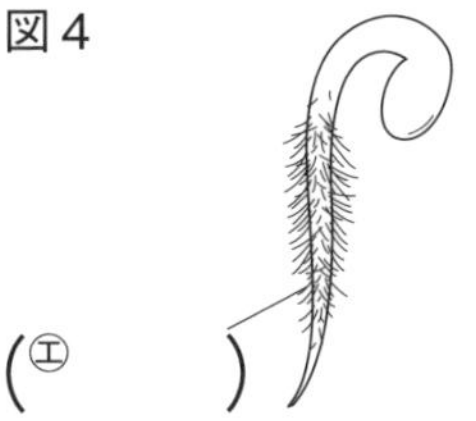
(㋓　　)

(2) 維管束のはたらき

● (⑦　　　　)…根から吸収された水や，水にとけた肥料分などの通り道。

● (⑧　　　　)…光合成でつくられた養分の通り道。

図5

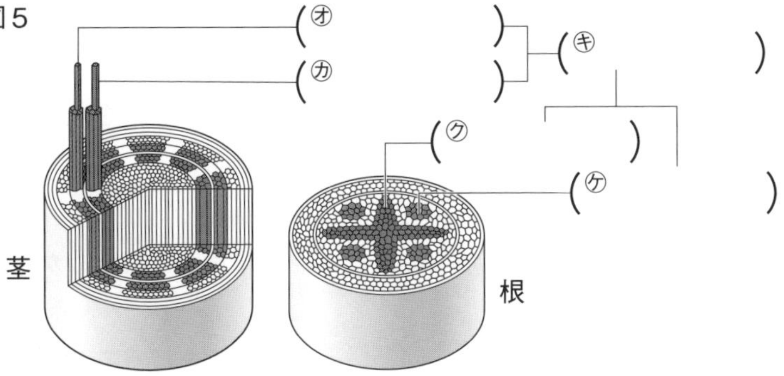
(㋔　　)
(㋕　　)
(㋖　　)
(㋗　　)
(㋘　　)
茎
根

●養分の移動
…葉の(⑨　　　　)でつくられたデンプンなどの養分は，水にとけやすい物質に変化してから師管を通り，からだ全体の細胞に運ばれて使われる。また，果実や種子，茎，根などで再びデンプンなどになってたくわえられる。

図6

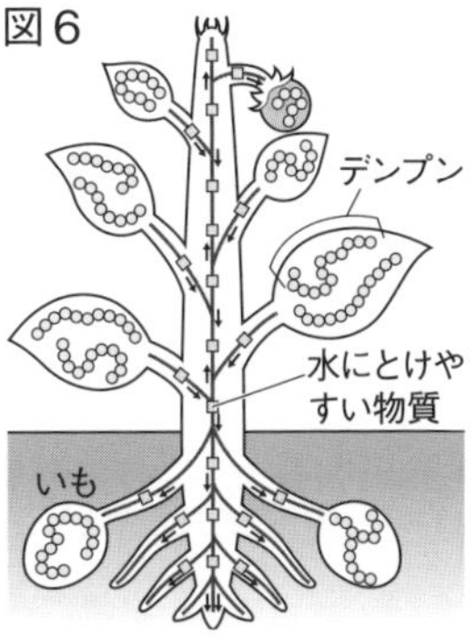
デンプン
水にとけやすい物質
いも

(3) 茎の維管束の並び方　トウモロコシなどの(⑩　　　　)では茎の全体に散らばっていて，ヒマワリなどの(⑪　　　　)では周辺部に輪の形に並んでいる。

図7

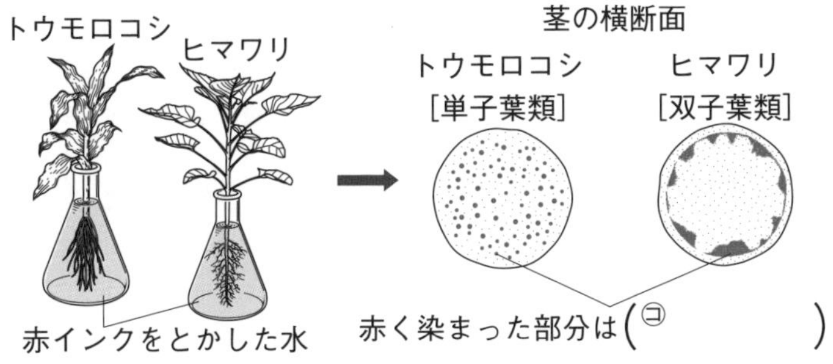
トウモロコシ
ヒマワリ
茎の横断面
トウモロコシ
[単子葉類]
ヒマワリ
[双子葉類]
赤インクをとかした水
赤く染まった部分は(㋙　　)

満点ミッション

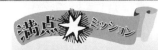

⑥根毛
根の先端より少しもとの部分を観察すると見られる細かい綿毛のようなもの。図4の㋓。

⑦道管
維管束の中で，根から吸収された水や肥料分の通り道である管。図5の㋕と㋗。

⑧師管
維管束の中で，光合成でつくられた養分が，水にとけやすい物質に変えられた後に通る管。図5の㋔と㋘。

ポイント
道管と師管が通った維管束は，根から茎，葉とつながっている。

⑨葉緑体
葉の細胞の中にある緑色の粒。光合成が行われる。

⑩単子葉類
被子植物の中で，子葉が1枚の植物。

⑪双子葉類
被子植物の中で，子葉が2枚の植物。

テストに出る！

予想問題 第2章　植物のからだのつくりとはたらき(2)

⏱ 30分

/100点

よく出る **1** 下の図の⑦〜⑦のような装置を用意し，ストローを曲げてセロハンテープでとめ，⑦は光の当たるところ，⑦と⑦は光の当たらないところに置いて，2時間後にそれぞれのふくろの空気を石灰水に通した。これについて，あとの問いに答えなさい。　　　　6点×4〔24点〕

光の当たらないところに置く。

(1) ふくろの中の気体を石灰水に通したとき，石灰水に変化が見られたものを，図の⑦〜⑦から選びなさい。また，このとき，石灰水はどのように変化したか。

記号（　　　）　石灰水の変化（　　　　　　　　　　　　　　）

(2) (1)のように石灰水が変化したのは，ふくろの中に何という気体がふえたためか。

（　　　　　　　　）

記述 (3) この実験から，コマツナはどのような場所で，何というはたらきを行うことがわかったか。簡単に書きなさい。（　　　　　　　　　　　　　　　　　　　　　　）

2 右の図の⑦，⑦は，昼や夜に植物に出入りする気体のようすを示したものである。これについて，次の問いに答えなさい。　　　5点×4〔20点〕

(1) 夜の植物のようすを示しているのは，図の⑦，⑦のどちらか。　　　　　　　　　　　（　　　）

(2) 図のX，Yは，それぞれ植物の何というはたらきを示しているか。

X（　　　　　　）　Y（　　　　　　）

(3) 図の⑦のとき，植物に出入りする気体について正しく述べたものはどれか。次のア〜ウから選びなさい。　　　　　　　　　　　　　　（　　　）

ア　全体として，酸素を吸収し，二酸化炭素を放出しているように見える。

イ　全体として，二酸化炭素を吸収し，酸素を放出しているように見える。

ウ　全体として，吸収して放出している酸素と二酸化炭素は等しい。

⑦
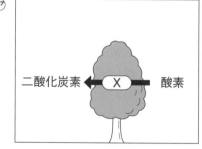

⑦
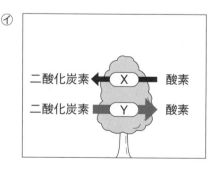

24

3 右の図のように，同じ枚数の葉がついたアジサイの枝A〜Dを水を入れたシリコンチューブにつなぎ，20分後の吸水量を調べた。これについて，次の問いに答えなさい。

4点×7〔28点〕

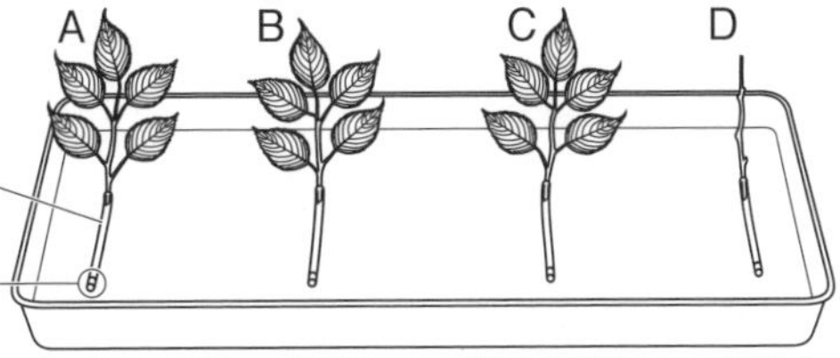

(1)　A〜Dの水の吸水量からどの部分からの蒸散量がわかるか。次のア〜エからそれぞれ選びなさい。

A（　　）　B（　　）
C（　　）　D（　　）

ア　葉の表側，裏側，茎からの蒸散量　　イ　葉の裏側，茎からの蒸散量
ウ　葉の表側，茎からの蒸散量　　　　　エ　茎からの蒸散量

記述 (2)　葉にワセリンをぬるのは何のためか。簡単に書きなさい。
（　　　　　　　　　　　　　　　　　　　　　　　　　　　　　　）

(3)　1時間後の水の吸水量が多かったものから順に，A〜Dを並べなさい。
（　　→　　→　　→　　）

(4)　この実験からわかることを，次のア〜エから選びなさい。　（　　）
ア　アジサイの気孔は，葉の裏側よりも表側に多くある。
イ　アジサイの気孔は，葉の表側よりも裏側に多くある。
ウ　アジサイの気孔は，葉の表側と裏側にほぼ同じくらいある。
エ　アジサイの気孔は，茎に多くある。

図中：
水を入れたシリコンチューブ
はじめの水位につけたしるし
A　何もぬらない。
B　葉の裏側にワセリンをぬる。
C　葉の表側にワセリンをぬる。
D　葉を全てとる。

4 右の図1は，ある植物の茎と根の一部を模式的に表したもの，図2は，発芽したダイコンの種子を表したものである。これについて，次の問いに答えなさい。　4点×7〔28点〕

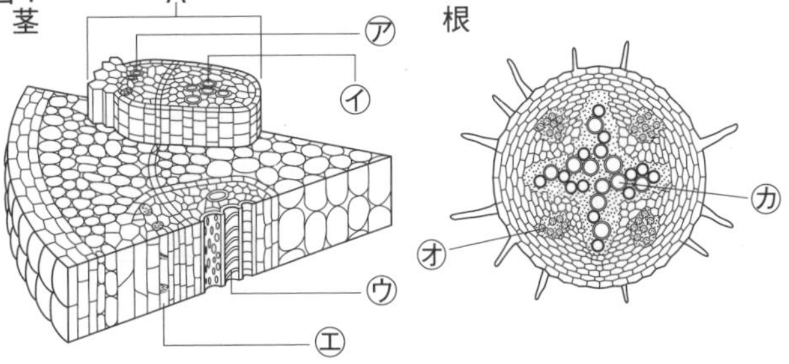

(1)　図1のア〜カのうち，根から吸収した水や肥料分の通り道はどれか。すべて選びなさい。
（　　　　　　　　）

(2)　(1)の管を何というか。
（　　　　　　　　）

(3)　図1のア〜カのうち，葉でつくられた養分の通り道はどれか。すべて選びなさい。
（　　　　　　　　）

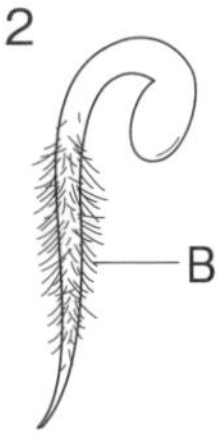

(4)　(3)の管を何というか。（　　　　　　　　）

(5)　図1のAの部分を何というか。（　　　　　　　　）

(6)　図2のBの部分を何というか。（　　　　　　　　）

記述 (7)　図2のBの部分があることで，多くの水や肥料分をとりこむことができる。この理由を書きなさい。
（　　　　　　　　　　　　　　　　　　　　　　　　　　　　　　）

図1　茎　A　ア　イ　ウ　エ　根　オ　カ
図2　B

第３章　動物のからだのつくりとはたらき(1)

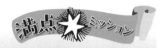

満点★ミッション

①**消化**
食物が分解されて，からだに吸収されやすい養分になること。

②**消化酵素**
消化液にふくまれており，食物を分解するはたらきがある。アミラーゼ，ペプシン，トリプシン，リパーゼなど。

③**消化液**
食物を分解する液。だ液，胃液，すい液など。

④**アミラーゼ**
図１の㋐。だ液にふくまれる消化酵素。

⑤**麦芽糖**
ブドウ糖が２つつながった物質。デンプンが分解されてできる。

⑥**ペプシン**
図１の㋑。胃液にふくまれる消化酵素。

⑦**消化管**
口→食道→胃→小腸→大腸→肛門と続く１本の管。

ミス注意！
それぞれの消化酵素が分解する物質は決まっている。

テストに出る！ ココが要点　解答 p.7

① 消化と吸収　[教] p.130～p.137

1 消化のしくみ

(1)　(①　　　　　)　食物にふくまれている物質を**吸収**されやすい状態に変化させること。

(2)　(②　　　　　)　だ液などの(③　　　　　)にふくまれ，食物を分解し吸収されやすい物質にするはたらきがあるもの。

- (④　　　　　)…だ液にふくまれる消化酵素。デンプンを(⑤　　　　　)などに分解する。
- (⑥　　　　　)…胃液にふくまれる消化酵素。**タンパク質**を分解する。

(3)　(⑦　　　　　)　口から肛門までの，いくつかの器官が連続した１本の長い管。

図１

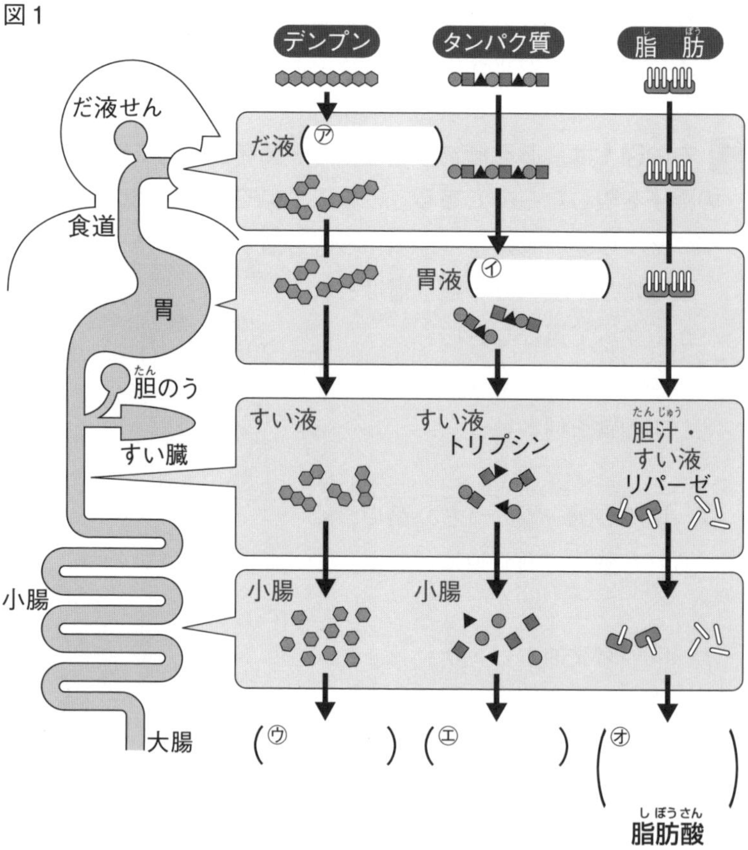

ココが要点の答えになります。

2 吸収のしくみ

(1) (⑧　　　　) 消化によって分解された物質を体内にとりこむこと。

(2) (⑨　　　　) 小腸のかべにあるひだの表面の突起。ここで，消化によってできた物質は吸収される。

図2

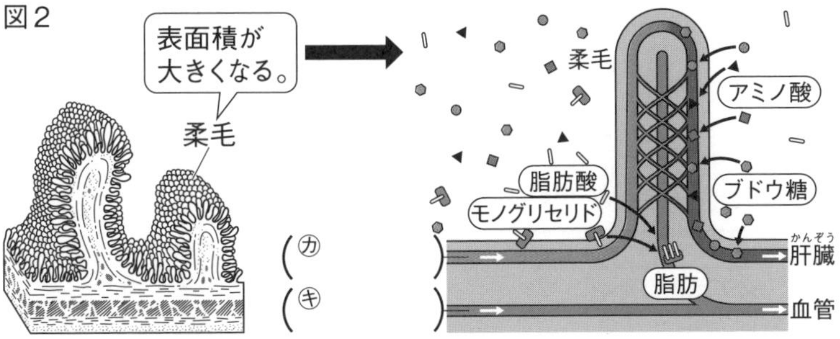
表面積が
大きくなる。
柔毛
(カ　　)
(キ　　)
柔毛
アミノ酸
脂肪酸
ブドウ糖
モノグリセリド
肝臓
脂肪
血管

2 呼吸のはたらき

教 p.138～p.139

1 呼吸のはたらき

(1) (⑩　　　　) 鼻や口から吸いこまれた空気にふくまれる酸素が，(⑪　　　　)から気管支を通って肺に入り，二酸化炭素と交換されて，鼻や口から体外に出されるという肺のはたらき。

(2) (⑫　　　　) 肺の中にある小さなふくろ。このふくろがたくさんあることで，肺の表面積が大きくなり，効率よく気体の交換ができる。

図3

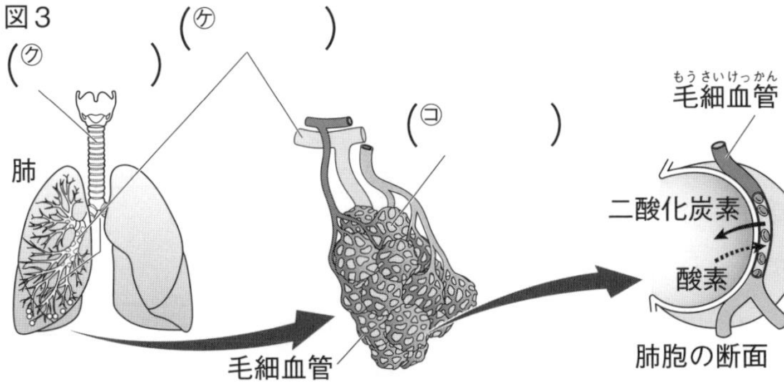
(ケ　　)
(ク　　)
(コ　　)
毛細血管
肺
二酸化炭素
酸素
毛細血管
肺胞の断面

(3) (⑬　　　　) 酸素を多くふくみ，二酸化炭素の少ない血液。

(4) (⑭　　　　) 酸素が少なく，二酸化炭素を多くふくむ血液。

(5) (⑮　　　　) 細胞で行われる，酸素を使って養分からエネルギーがとり出され，二酸化炭素と水ができる活動のこと。

満点ミッション

⑧**吸収**
食物の養分を体内にとりこむこと。

⑨**柔毛**
小腸のかべのひだにある突起。たくさんあることで，表面積が大きくなり，効率よく養分を吸収できる。

⑩**肺呼吸**
肺で行われる，酸素と二酸化炭素の交換。

⑪**気管**
図3の㋗。口や鼻から肺へつながる管。枝分かれして気管支となる。

⑫**肺胞**
図3の㋙。毛細血管が網の目のように張りめぐらされている。

⑬**動脈血**
酸素を多くふくむ血液。

⑭**静脈血**
酸素の少ない血液。

⑮**細胞による呼吸**
細胞で，酸素を使って養分からエネルギーをとり出すはたらき。

ポイント
肺では，静脈血が動脈血に変えられる。

テストに出る！

予想問題

第3章　動物のからだのつくりとはたらき⑴

⏱30分

/100点

よく出る **1** だ液のはたらきを調べるため，下の図のような実験をした。これについて，あとの問いに答えなさい。　3点×5〔15点〕

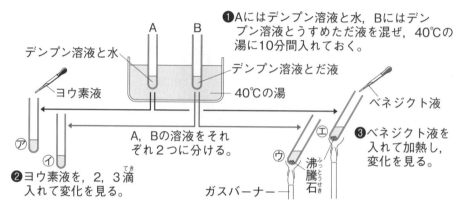

❶Aにはデンプン溶液と水，Bにはデンプン溶液とうすめただ液を混ぜ，40℃の湯に10分間入れておく。

デンプン溶液と水

ヨウ素液

A，Bの溶液をそれぞれ2つに分ける。

❷ヨウ素液を，2，3滴入れて変化を見る。

デンプン溶液とだ液

40℃の湯

ベネジクト液

❸ベネジクト液を入れて加熱し，変化を見る。

沸騰石

ガスバーナー

(1) ㋐，㋑にヨウ素液を入れたとき，色が変化したのはどちらで，何色に変化したか。

　　　　　　　　　　　　　　　　　　記号（　　　）　色（　　　　　　　）

記述 (2) ㋒，㋓にベネジクト液を入れて加熱したとき，変化が見られたのはどちらで，どのような変化か。　記号（　　　）　変化（　　　　　　　　　　　　　　　　　）

記述 (3) この実験から，だ液のはたらきについてわかることは何か。簡単に書きなさい。

　（　　　　　　　　　　　　　　　　　　　　　　　　　　　　　　　　　　　　）

よく出る **2** 右の図は，消化と吸収のようすを示したものである。ただし，㋐〜㋔は消化液を，A〜Cは分解された物質を表している。これについて，次の問いに答えなさい。　3点×11〔33点〕

(1) ㋐，㋑，㋓は何という消化液か。

　　㋐（　　　　　　　）　㋑（　　　　　　　）
　　㋓（　　　　　　　）

(2) 消化液にふくまれ，食物を分解するはたらきをもつ物質を何というか。　（　　　　　　　）

(3) ㋐，㋑にふくまれる(2)の物質をそれぞれ何というか。

　　㋐（　　　　　　　）　㋑（　　　　　　　）

(4) ㋒には(2)の物質がふくまれていない。㋒はどこでつくられるか。　（　　　　　　　）

(5) 脂肪が分解されたAは何か。2つ書きなさい。

　　（　　　　　　）（　　　　　　　）

(6) タンパク質やデンプンが分解されたB，Cをそれぞれ何というか。

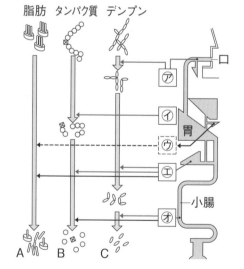

脂肪　タンパク質　デンプン

胃

小腸

A　B　C

　　　　　　　　　　　　　　　　B（　　　　　　　）　C（　　　　　　　）

[3] 右の図は，消化によって分解された物質を体内にとりこむ器官の一部である。これについて，次の問いに答えなさい。　2点×5〔10点〕

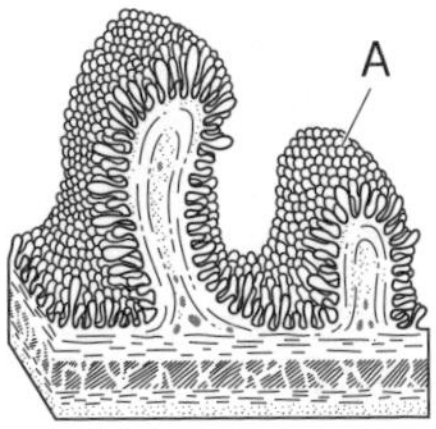

(1) この器官は何か。　(　　　　　)

(2) 図のAの部分を何というか。　(　　　　　)

(3) 次の文の(　)にあてはまる言葉を書きなさい。

①(　　　　　)
②(　　　　　)
③(　　　　　)

> ブドウ糖とアミノ酸は，図のAの中の(①)に入り，(②)を通って全身の細胞に運ばれる。(②)では，一部がたくわえられたり，タンパク質に変えられたりする。脂肪酸とモノグリセリドはAに入った後，再び脂肪となって(③)に入り全身の細胞に運ばれる。

よく出る **[4]** 右の図1は，肺のつくり，図2は，細胞で養分からエネルギーがとり出されるようすを模式的に表している。これについて，次の問いに答えなさい。　3点×14〔42点〕

図1

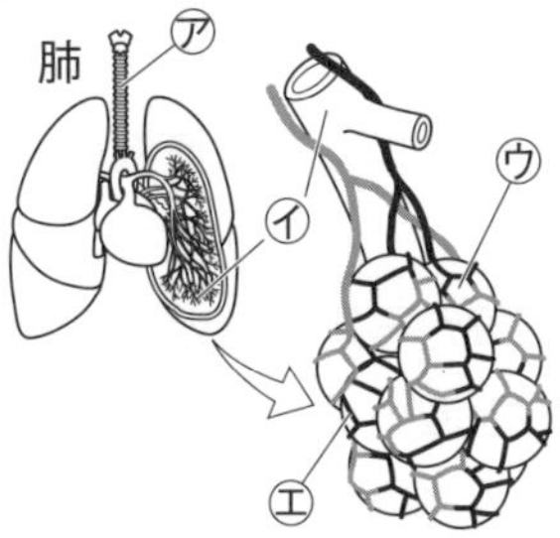

図2

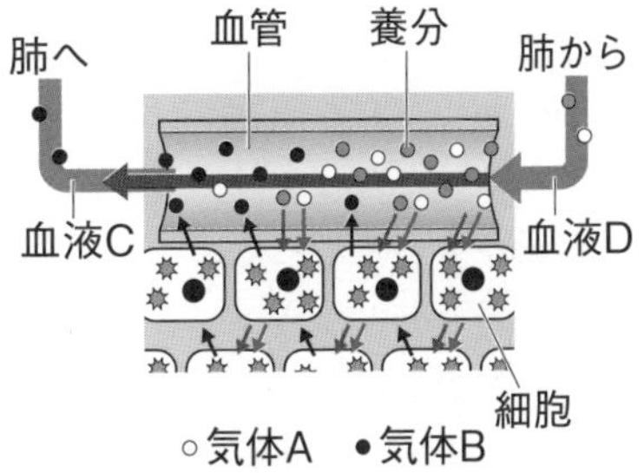

(1) 図1の㋐，㋑を何というか。

㋐(　　　　　)
㋑(　　　　　)

(2) 枝分かれした㋑の先にある㋒のふくろを何というか。

(　　　　　)

記述 (3) ㋒がたくさんある利点は何か。　(　　　　　　　　　　)

(4) ㋒の周りを囲んでいる細い血管である㋓を何というか。　(　　　　　)

(5) ㋓の血管から㋒に出される気体は何か。　(　　　　　)

(6) ㋒から㋓の血管にとりこまれる気体は何か。　(　　　　　)

(7) 図2で細胞に供給される気体Aは何か。　(　　　　　)

(8) 図2で細胞から回収される気体Bは何か。　(　　　　　)

(9) 図2で表される細胞の活動を何というか。　(　　　　　)

(10) 図2で，細胞から肺へもどる血管を流れる血液Cを何というか。　(　　　　　)

(11) 図2で，肺から細胞へむかう血管を流れる血液Dを何というか。　(　　　　　)

(12) 血液C，Dの特徴(とくちょう)を，次のア〜エからそれぞれ選びなさい。　C(　　)　D(　　)

ア　酸素と二酸化炭素を多くふくんでいる。

イ　酸素も二酸化炭素も少なくなっている。

ウ　酸素が多く，二酸化炭素が少なくなっている。

エ　酸素が少なく，二酸化炭素が多くなっている。

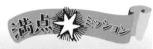

第３章　動物のからだのつくりとはたらき⑵
第４章　刺激と反応

満点ミッション

①**動脈**
かべが厚い。
②**静脈**
血液の逆流を防ぐために弁(べん)がある。
③**毛細血管**
組織の細胞と物質のやりとりを行う。
④**体循環**(たいじゅんかん)
心臓→全身→心臓という血液の流れ。
⑤**肺循環**(はいじゅんかん)
心臓→肺→心臓という血液の流れ。
⑥**赤血球**(せっけっきゅう)
中央がくぼんだ円盤(えんばん)形。ヘモグロビンは，酸素が多いところでは酸素と結びつき，酸素が少ないところでは酸素をはなす性質がある。
⑦**白血球**(はっけっきゅう)
球形のものが多い。
⑧**血しょう**(けっ)
養分や不要な物質などを運ぶ。
⑨**組織液**(そしきえき)
細胞の間を満たす液体。細胞との間で酸素や二酸化炭素，養分，不要物のやりとりのなかだちをする。
⑩**尿**
有害なアンモニアが肝臓で変えられてできた尿素をふくむ。

テストに出る！ ココが要点　解答 p.8

① 血液のはたらき
教 p.140〜p.143

1 心臓のつくりとはたらき
⑴　心臓のつくり　心臓は**筋肉**でできており，規則正しく収縮する運動（拍動(はくどう)）によって，全身に**血液**(けつえき)を送り出すはたらきをする。

2 血液の循環(じゅんかん)
⑴　血管の種類
- （①　　　　　）…心臓から送り出される血液が流れる血管。
- （②　　　　　）…心臓にもどってくる血液が流れる血管。
- （③　　　　　）…網の目のように組織に張りめぐらされている細い血管。

⑵　血液の流れ
- （④　　　　　）
…心臓から肺以外の全身を通って心臓にもどる血液の流れ。
- （⑤　　　　　）
…心臓から肺，肺から心臓という血液の流れ。

図１
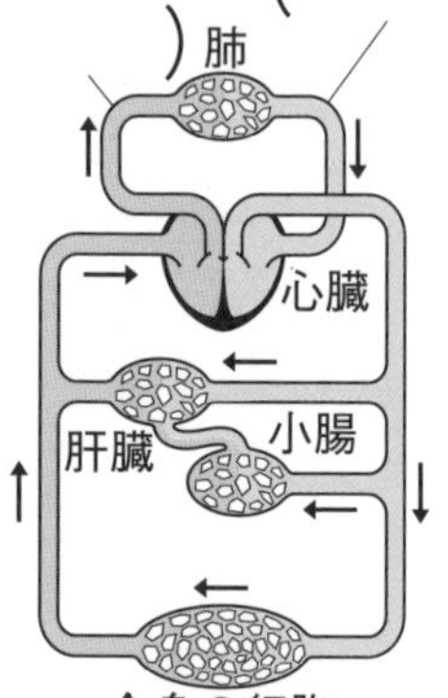

⑶　血液の成分
- （⑥　　　　　）
…**ヘモグロビン**がふくまれていて，**酸素**を運ぶ。
- （⑦　　　　　）…細菌(さいきん)を分解するなどしてからだを守る。
- **血小板**(けっしょうばん)…出血した血液を固める。
- （⑧　　　　　）…透明な液体。毛細血管のかべからしみ出て（⑨　　　　　）となる。

② 排出のしくみ
教 p.144〜p.145

1 尿(にょう)をつくる
⑴　排出　**じん臓**で血液中から**尿素**(にょうそ)などの不要な物質をこし出し，（⑩　　　　　）として体外に排出される。

図２
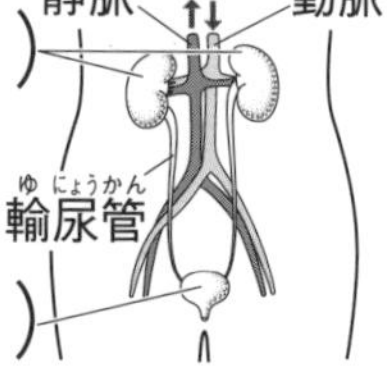

ココが要点の答えになります。

③ 刺激と反応・神経のはたらき 教 p.150〜p.157

1 刺激と反応

(1) (⑪　　　　　) においや光，音など，外界から刺激を受けとる特定の細胞がある器官。目，耳，鼻，皮膚，舌など。

(2) (⑫　　　　　) 刺激を受けとる細胞とつながっていて，刺激を中枢神経に伝える神経。

2 神経のはたらき

(1) 神経系
- (⑬　　　　　)…脳とせきずい。判断や命令を行う。
- (⑭　　　　　)…中枢神経から枝分かれして全身に広がる神経。
- 感覚神経…末しょう神経のうち，感覚器官から中枢神経へ信号を伝える神経。
- (⑮　　　　　)…末しょう神経のうち，中枢神経から手や足などの運動器官へ信号を伝える神経。

(2) 刺激に対するヒトの反応
- 意識して起こる反応…刺激を受けた後，脳が命令を出して行動する反応。

  例「寒かったので，上着を着た。」
- 無意識に起こる反応…刺激を受けたとき，意識とは無関係に決まった反応が起こること。このような反応を(⑯　　　　　)という。

  例「熱いやかんにさわって，思わず手を引っこめた。」

④ 骨と筋肉のはたらき 教 p.158〜p.160

1 からだが動くしくみ

(1) 骨のはたらき　からだを支え，内臓や脳を保護している。

(2) (⑰　　　　　) ひじやひざなどの曲がる部分。

(3) (⑱　　　　　) 骨につく筋肉の両端。

図3

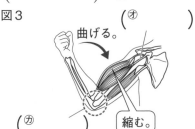
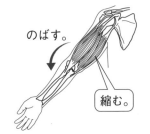

曲げる。 (オ　　　　　)

(カ　　　　　) 縮む。

のばす。 縮む。

⑪感覚器官
外界の刺激を受けとる器官。

⑫感覚神経
目や耳などの感覚器官で受けとった刺激の信号を脳やせきずいに伝える神経。

⑬中枢神経
脳やせきずいに集まった多くの神経。

⑭末しょう神経
感覚神経と運動神経。

⑮運動神経
脳から出た命令の信号を筋肉などに伝える神経。

⑯反射
感覚神経からの信号が脳に伝わる前に，せきずいなどから直接運動神経に信号が伝わる反応。

ポイント

反射は，短い時間で反応することができるので，危険から身を守ることができる。

⑰関節
ひじやひざなどの曲がる部分。図3の力。

⑱けん
筋肉が骨についている部分。図3のオ。

テストに出る！
予想問題
第３章　動物のからだのつくりとはたらき(2)
第４章　刺激と反応

30分

/100点

1 右の図１は心臓のつくり，図２は血液の成分を模式的に表したものである。次の問いに答えなさい。　2点×14〔28点〕

図１

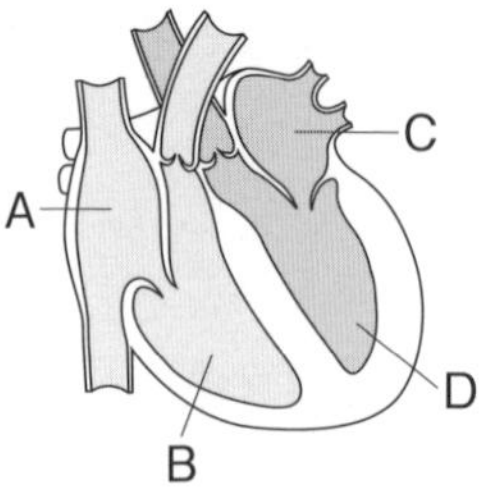

図２

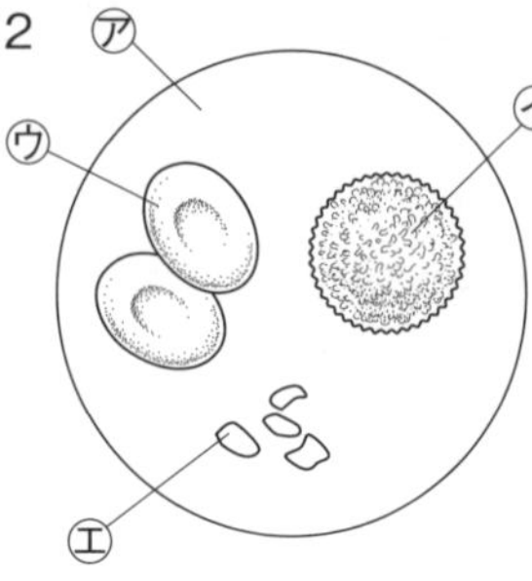

(1) 図１のA～Dの名称（めいしょう）を書きなさい。
A（　　　　）
B（　　　　）
C（　　　　）
D（　　　　）

(2) 全身に血液を送り出している部屋（へや）を図１のA～Dから選びなさい。（　　）

(3) 図２で，透明な液体㋐を何というか。（　　　）

(4) ㋐が毛細血管からしみ出た液を何というか。（　　　）

(5) 図２の㋑～㋓のうち，次の①～③にあてはまるものはどれか。記号と名称を書きなさい。
① からだに侵入（しんにゅう）した細菌などを分解する。　記号（　　）　名称（　　　）
② 出血したときに血液を固める。　記号（　　）　名称（　　　）
③ 酸素を運ぶ。　記号（　　）　名称（　　　）

(6) (5)の③にふくまれる，酸素と結びつく性質の物質は何か。（　　　）

よく出る **2** 右の図は，ヒトの血液の循環のようすを表している。これについて，次の問いに答えなさい。　3点×8〔24点〕

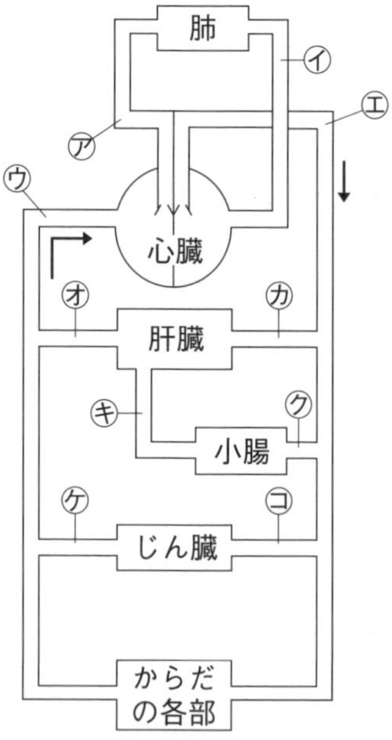

(1) 心臓から肺以外の全身を通り心臓にもどるという経路の循環を何というか。（　　　）

(2) 心臓へもどってくる血液が流れる血管を何というか。（　　　）

(3) 全身や肺からもどってくる血液が流れこむ心臓の部屋のことを何というか。（　　　）

(4) 二酸化炭素を多くふくむ血液が流れる血管を，㋐～㋓からすべて選びなさい。（　　　）

(5) ㋒と㋓の血管で，かべが厚いのはどちらか。（　　）

(6) 次の①～③にあてはまる血管を，それぞれ㋐～㋙から選びなさい。
① 酸素が最も多くふくまれている血管。（　　）
② 養分が最も多くふくまれている血管。（　　）
③ 尿素などの不要な物質が最も少ない血管。（　　）

3 右の図は，ヒトのさまざまな感覚器官を模式的に表したものである。これについて，次の問いに答えなさい。 3点×6〔18点〕

(1) A，Bの感覚器官で受けとっている刺激はそれぞれ何か。

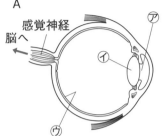

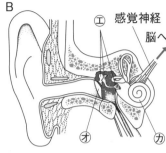

A（　　　　　）
B（　　　　　）

(2) 図の㋐～㋕の中で，次の①～③にあてはまる部分を選びなさい。

① 像を結ぶ部分。（　　）

② 音の振動(しんどう)が伝えられ，感覚神経につながっている部分。（　　）

③ はじめに音の振動を受けとり，振動する部分。（　　）

(3) 耳が2つあることでわかることを次のア～ウから選びなさい。（　　）

ア　音の大きさ　　イ　音の高さ　　ウ　音のくる方向

[よく出る] **4** 右の図は，刺激がどのような経路で伝わるのかを模式的に表したものである。これについて，次の問いに答えなさい。 3点×10〔30点〕

(1) A，Bの部分をそれぞれ何というか。

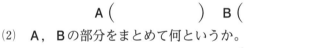

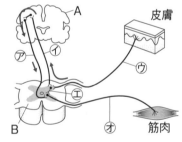

A（　　　　　）　B（　　　　　）

(2) A，Bの部分をまとめて何というか。

（　　　　　）

(3) ㋒，㋔の神経をそれぞれ何というか。

㋒（　　　　　）　㋔（　　　　　）

(4) 全身にいき渡っている，細かく枝分かれした神経を何というか。（　　　　　）

(5) 意識して起こる反応で，信号は皮膚から筋肉までどのように伝わるか。㋐～㋔から必要な記号を選び，㋐→㋑→㋒のように表しなさい。（　　　　　　　　）

(6) 刺激に対して意識とは無関係に起こる反応を何というか。（　　　　　）

(7) (6)の反応で，信号は皮膚から筋肉までどのように伝わるか。㋐～㋔から必要な記号を選び，㋐→㋑→㋒のように表しなさい。（　　　　　　　　）

(8) 次のア～オのうち，(6)の反応にあてはまるものをすべて選びなさい。

（　　　　　）

ア　明るいところに出ると，目のひとみが小さくなった。

イ　急に顔の前に虫が飛んできたので，思わず目を閉じた。

ウ　窓をさわったらぬれていたので，手をふいた。

エ　熱いやかんに手をふれたとき，思わず手を引っこめた。

オ　外に出たとき，寒く感じたので上着を着た。

第１章　気象の観測

テストに出る! ココが要点　解答 p.9

① 気象の観測　教 p.174～p.181

1 気象(きしょう)観測のしかたと天気図の記号

(1)　(①　　　　　)　大気中で起こるさまざまな現象。

- (②　　　　　)…空気の温度。
- (③　　　　　)…空気のしめりぐあい。乾湿計(かんしつけい)で求めることができる。
- (④　　　　　)…気圧計を使って測定。単位はヘクトパスカル(hPa)。
- (⑤　　　　　)…風のふいてくる方向。
- (⑥　　　　　)…風の速さ。風速計で計測する。
- (⑦　　　　　)…風の強さ。風力計や風力階級表で判断する。

図１ ●天気図の記号●

風向(ふうこう)：(㋐　　　　)の風
風力(ふうりょく)：(㋑　　　　)
風のふいてくる方向
天気：(㋒　　　　)

快晴	晴れ	くもり
○	◐	◎

雨	雪
●	⊛

雲量(うんりょう)：０～１を(㋓　　　　)，２～８を(㋔　　　　)，９～10を(㋕　　　　)という。

② 大気圧と圧力　教 p.182～p.185

1 大気圧(たいきあつ)

図２ ●大気圧のはたらき●

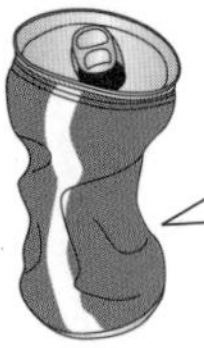
空かんの空気をぬくと，まわりの空気におしつぶされる。

(1)　(⑧　　　　　)　空気にはたらく重力によって加わる力。あらゆる方向からはたらく。単位はヘクトパスカル(記号hPa)など。

2 圧力(あつりょく)

(1)　(⑨　　　　　)　物体がふれ合う面に力がはたらくとき，その面を垂直におす単位面積あたりの力の大きさ。単位はパスカル(記号Pa)。(１hPa＝100Pa)

$$\text{圧力[Pa]} = \frac{\text{面を垂直におす力[N]}}{\text{力がはたらく面積}[m^2]}$$

満点★ミッション

①気象
大気中で起こるさまざまな現象。

②気温(きおん)
空気の温度。地上1.5mの高さで温度計の球部に直射日光が当たらないようにしてはかる。

③湿度(しつど)
空気のしめりぐあい。

④気圧(きあつ)
空気の重さによる圧力。

⑤風向
風のふいてくる方位で表す。南からふく風は「南の風」という。

⑥風速(ふうそく)
風の速さ。単位は〔m/s〕。

⑦風力
風の強さ。0～12。

ポイント
気温，湿度，気圧，風向，風速，風力などの気象要素を観測することによって天気の変化を知る。

⑧大気圧(気圧)
上空にある空気の質量で決まる。

⑨圧力
力の大きさを面積で割って求める。

ココが要点の答えになります。

③ 気圧と風

教 p.186〜p.189

1 気圧と風

(1) （⑩　　　　　） 同時刻に観測した気圧の値の同じ地点をなめらかな曲線で結んだもの。4hPaごとに引く。

(2) （⑪　　　　　） 中心部が周辺部より気圧が高い部分。中心部では下降気流が起こっている。地表付近では中心から周辺へ向かって時計まわりに風がふき出す。

(3) （⑫　　　　　） 中心部が周辺部より気圧が低い部分。中心部には（⑬　　　　　）が起こっている。地表付近では周辺から中心に向かって反時計まわりに風がふきこむ。

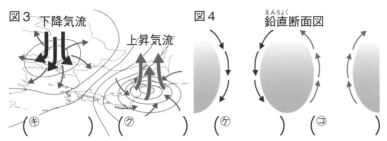

図3　下降気流　上昇気流　図4　鉛直断面図

（キ　　　） （ク　　　） （ケ　　　） （コ　　　）

④ 水蒸気の変化と湿度

教 p.190〜p.196

1 水蒸気が水滴に変わる条件

(1) 凝結　空気中の水蒸気が水滴になる現象。

(2) （⑭　　　　　） 空気中の水蒸気が凝結し始める温度。

(3) （⑮　　　　　） 1m³の空気がふくむことができる水蒸気の最大質量。

(4) 湿度の求め方　ある温度での飽和水蒸気量に対する1m³の空気にふくまれる水蒸気の質量の割合を百分率（%）で表す。

$$湿度[\%] = \frac{1m^3の空気にふくまれる水蒸気の質量[g/m^3]}{その空気と同じ気温での飽和水蒸気量[g/m^3]}$$

(5) （⑯　　　　　） 地上の空気が冷やされてできた水滴。

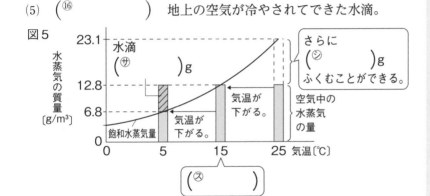

図5

⑩等圧線
気圧の値の等しい地点を結んだなめらかな曲線。4hPaごとに引き，20hPaごとに太線にする。間隔のせまいところは風が強い。

⑪高気圧
等圧線で囲まれ，周辺より気圧が高い部分。

⑫低気圧
等圧線で囲まれ，周辺より気圧が低い部分。

⑬上昇気流
地上から上空に向かって移動する空気の流れ。低気圧の中心部で生じる。

⑭露点
水蒸気が凝結し始めるときの温度。

⑮飽和水蒸気量
図5の曲線。1m³の空気がふくむことができる水蒸気の最大質量。

⑯霧
気温が下がることで空気にふくまれていた水蒸気の一部が水滴になったもの。

ポイント
飽和水蒸気量は温度によって決まっている。

テストに出る！

予想問題　第1章　気象の観測

🕐 30分

/100点

1 次の文は，気象観測をしたときの結果である。あとの問いに答えなさい。　4点×5〔20点〕

図1

・風は，北西から南東に向かってふいていた。
・風速から求めた風力は，3だった。
・右の図の円は空全体をおおっている雲のようすで，降水はなかった。
・乾湿計の乾球は14℃，湿球は10℃を示していた。

(1) 図1で，雲の量が空全体の30%であったとすると，雲量はいくらか。

（　　　　　　）

図2

🛠作図 (2) このときの天気，風向，風力を，記号を使って図2に表しなさい。ただし，上を北とする。

乾球の示度〔℃〕	乾湿球の示度の差〔℃〕				
	0	1	2	3	4
14	100	89	78	67	56
13	100	88	77	66	55
12	100	88	76	64	53
11	100	87	75	63	52
10	100	87	74	62	50

(3) このときの湿度は何%か。右の表を参考に答えなさい。　（　　　　　　）

(4) 1日の気温の変化が大きいのは，晴れの日とくもりの日のどちらか。（　　　　　　）

(5) 気圧が高くなるのは，晴れの日とくもりの日のどちらか。　（　　　　　　）

🔍よく出る **2** 右の図のような装置で，水を入れたペットボトルを面積の異なる正方形の段ボールa〜cの上にそれぞれのせたときのスポンジのへこみ方について調べた。これについて，次の問いに答えなさい。ただし，段ボールの厚さや重さは考えないものとする。　4点×4〔16点〕

(1) ペットボトルがスポンジをおす力の大きさについて正しく述べたものはどれか。次のア〜ウから選びなさい。　（　　　　）

ア　aにのせたときに最も大きくなる。
イ　cにのせたときに最も大きくなる。
ウ　どの段ボールにのせても大きさは同じである。

(2) スポンジのへこみ方が最も大きい段ボールは，a〜cのどれか。　（　　　　）

(3) 次の文は，この実験についてまとめたものである。（　）にあてはまる言葉を書きなさい。

①（　　　　　　）　②（　　　　　　）

a　7cm × 7cm
b　5cm × 5cm
c　3cm × 3cm
ものさし
水
支持環
500mLのペットボトル
スタンド
段ボール
スポンジ

物体が面を垂直におす単位面積あたりの力の大きさを（ ① ）という。（ ① ）は，同じ大きさの力がはたらいているとき，はたらく面積が小さいほど（ ② ）なる。

3 右の図は、日本付近で12月ごろに見られる特徴的な気圧配置の天気図である。次の問い
に答えなさい。　　　　　　　　　　　　　　　4点×5〔20点〕

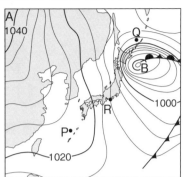

(1) 図のR点の気圧は、何hPaか。　　（　　　　　　　）

(2) 図のA、Bはそれぞれ高気圧、低気圧のどちらか。

A（　　　　　　　）　B（　　　　　　　）

(3) 中心部で上昇気流が生じているのは、A、Bのどちら
か。　　　　　　　　　　　　　　　　　（　　　　　　　）

(4) 図のP点とQ点で、風が強いのはどちらか。

（　　　　　　　）

4 右の図のようにして、室温25℃の部屋の中で、コップの中の水温を下げたところ、10℃
のときにコップの表面に水滴がつき始めた。次の問いに答えなさい。　　5点×4〔20点〕

記述 (1) 実験に、金属製のコップを使ったのはなぜか。

（　　　　　　　　　　　　　　　　　　　　）

(2) コップの表面に水滴がつき始めたときの温度のこと
を、何というか。　　　　　　（　　　　　　　）

(3) 空気がふくむことのできる水蒸気の最大質量を、何
というか。　　　　　　　　　（　　　　　　　）

(4) 次の日に同じ室温で同じ実験を行ったところ、18℃
でコップの表面に水滴がついた。このときの湿度は、
前日に比べて高いか、低いか。　（　　　　　　　）

よく
出る **5** 右のグラフは、気温と飽和水蒸気量の関係を表したものである。これについて、次の問い
に答えなさい。　　　　　　　　　　　　　　　4点×6〔24点〕

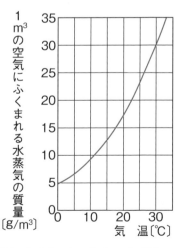

(1) 気温が30℃のときの空気1m³中の飽和水蒸気量は、
およそ何gか。　　　　　　　（　　　　　　　）

(2) 気温30℃で1m³中に21gの水蒸気をふくむ空気の湿度
は何％か。　　　　　　　　　（　　　　　　　）

(3) (2)の空気1m³中には、さらに何gの水蒸気をふくむこ
とができるか。　　　　　　　（　　　　　　　）

(4) (2)の空気1m³を0℃まで下げると、何gの水滴ができ
るか。　　　　　　　　　　　（　　　　　　　）

(5) 気温25℃で1m³中に9gの水蒸気をふくむ空気がある。
これを冷やしていったときの露点は、およそ何℃か。

（　　　　　　　）

(6) 気温20℃、湿度60％の空気1m³中には、何gの水蒸気がふくまれているか。ただし、
20℃のときの飽和水蒸気量を17g/m³として計算しなさい。　　　　　（　　　　　　　）

第2章　雲のでき方と前線

満点★ミッション

①**雲**
空気中の水蒸気が水滴に変わってうかんでいるもの。地表付近でうかんでいるものは霧である。

②**水の循環**
水が蒸発と降水をくり返して循環していること。

③**気団**
大陸上や海上などで長期間とどまった空気が，気温や湿度が一様なかたまりになったもの。

④**前線面**
密度がちがうため混じり合わずにできた異なる空気の境の面。図2の㋐。

⑤**前線**
前線面と地表面が接した部分。まわりに雲ができている。図2の㋑。

⑥**寒冷前線**（かんれいぜんせん）
寒気が暖気の下にもぐりこんで進む前線。

⑦**温暖前線**（おんだんぜんせん）
暖気が寒気の上にはい上がって進む前線。

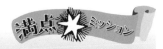

テストに出る！ **ココが要点**　解答 p.9

① 雲のでき方

教 p.198〜p.201

1 雲のでき方と雨や雪

(1)　雲のでき方　空気が上昇すると，膨張（ぼうちょう）して温度が下がり，露点以下になると水滴が生じて（①　　　　　）ができる。

図1

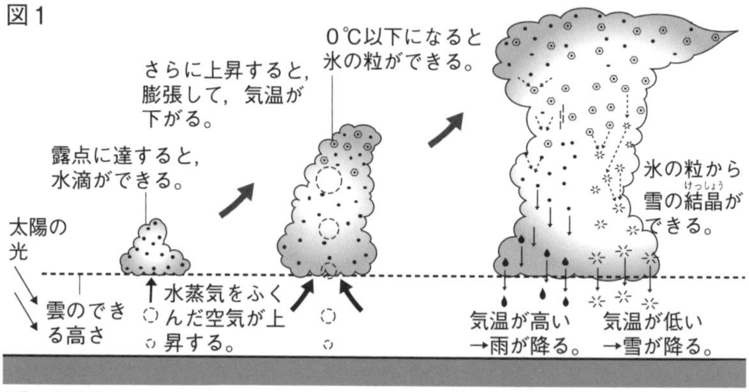
0℃以下になると
氷の粒ができる。
さらに上昇すると，
膨張して，気温が
下がる。
露点に達すると，
水滴ができる。
氷の粒から
雪の結晶が
できる。
太陽の
光
雲のでき
る高さ
水蒸気をふく
んだ空気が上
昇する。
気温が高い
→雨が降る。
気温が低い
→雪が降る。

2 水の循環（みずのじゅんかん）

(1)　（②　　　　　）　太陽のエネルギーによって，地球上の水が地球表面と大気の間をめぐっていること。

② 気団と前線

教 p.202〜p.208

1 気団と前線（きだんとぜんせん）

(1)　気団と前線

- （③　　　　　）…気温や湿度が一様な空気のかたまり。
- （④　　　　　）…性質の異なる空気のかたまりが接したときにできる境界面。
- （⑤　　　　　）…前線面（ぜんせんめん）が地表面に接したところ。

図2

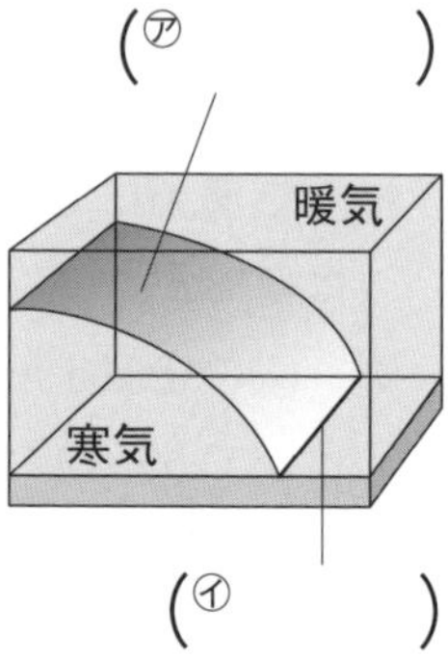
（㋐　　　）
暖気
寒気
（㋑　　　）

(2)　前線の種類

- （⑥　　　　　）…寒気が暖気（だんき）の下にもぐりこみ，暖気をおし上げながら進む前線。 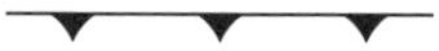
- （⑦　　　　　）…暖気が寒気の上にはい上がり，寒気をおしやりながら進む前線。 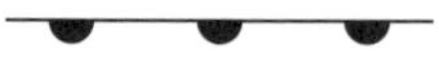

ココが要点の答えになります。

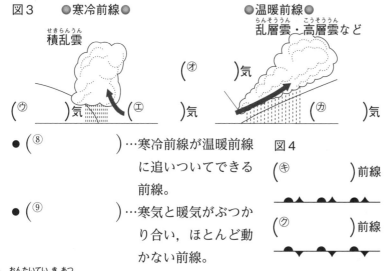

図3　●寒冷前線●　●温暖前線●
積乱雲　　　乱層雲・高層雲など

（ウ　）気（エ　）気（オ　）気（カ　）気

● （⑧　　　　）…寒冷前線が温暖前線
　　　　　　　　に追いついてできる
　　　　　　　　前線。
● （⑨　　　　）…寒気と暖気がぶつか
　　　　　　　　り合い、ほとんど動
　　　　　　　　かない前線。

図4
（キ　　）前線
（ク　　）前線

2 温帯低気圧と前線

(1) （⑩　　　　）中緯度帯で発生し、前線をともなう低気圧。

(2) 温暖前線と天気の変化　温暖前線付近では、広い範囲に（⑪　　　　）や高層雲などの層状の雲ができる。そのため、弱い雨が長時間降り続くことが多い。温暖前線の通過後は南寄りの風がふき、気温が上がる。

(3) 寒冷前線と天気の変化　寒冷前線付近では、強い上昇気流が生じ、（⑫　　　　）が発達する。そのため、強い雨が短時間に降り、強い風がふくことが多い。寒冷前線の通過前は南寄りの風がふくが、通過後は北寄りの風がふき、気温は下がる。

(4) 閉そく前線　閉そく前線がつくられ、地表が寒気でおおわれると温帯低気圧は衰退する。

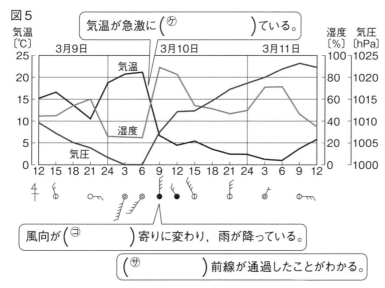

図5

気温が急激に（ケ　　　）ている。

風向が（コ　　）寄りに変わり、雨が降っている。

（サ　　）前線が通過したことがわかる。

満点★ミッション

ポイント
暖気が上昇する前線付近では、雲ができやすい。

⑧閉そく前線
記号は図4の㋖。温暖前線よりも移動速度が速い寒冷前線が、温暖前線に追いついてできる前線。

⑨停滞前線
記号は図4の㋗。同じ勢力の気団がぶつかり合うとできる前線。梅雨前線や秋雨前線など。

⑩温帯低気圧
中緯度帯で発生し、前線をともなう低気圧。南東に温暖前線、南西に寒冷前線がある。

⑪乱層雲
あま雲ともよばれる、うすく広がる雲。おだやかな雨をふらせる。

⑫積乱雲
盛り上がった形で上にのびる雲。激しい雨を降らせる。雷や突風が起こることもある。

ポイント
前線が通過すると、気団が入れ変わるので、気温、気圧、湿度が大きく変化する。

テストに出る！

予想問題　第2章　雲のでき方と前線

30分　/100点

1 右の図のような簡易真空容器を用意し，気圧計，デジタル温度計を入れたビニルぶくろを入れて中の空気をぬいた。これについて，次の問いに答えなさい。　4点×6〔24点〕

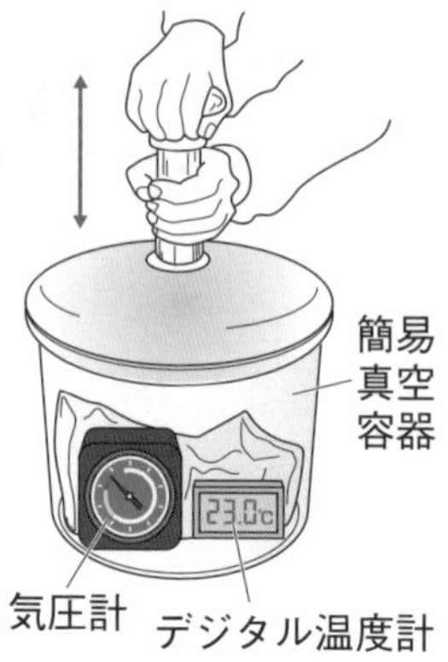

(1) 容器の中の空気をぬくと，気圧と温度はどうなるか。

気圧（　　　　）　温度（　　　　）

記述 (2) 次に，少量の水と線香のけむりをビニルぶくろに入れて同じように容器の中の空気をぬいた。このとき，ビニルぶくろがふくらんで，中がくもった。ビニルぶくろの中がくもった理由を「露点」という言葉を使って書きなさい。

（　　　　　　　　　　）

(3) この実験について，次の文の（　）にあてはまる言葉を書きなさい。

①（　　　　）　②（　　　　）　③（　　　　）

> この実験では，容器の中の空気をぬくことで，空気が（ ① ）したときと同じ状態をつくっている。上空では，この実験のような変化でできた水滴や氷の粒が集まって（ ② ）をつくっている。これらの粒が地上に落ちてきたものが（ ③ ）や雪である。

2 右の図のように，水槽（すいそう）内に仕切りをして，左側のくぼんだ部分に氷水を入れて冷やし，線香のけむりで満たした。これについて，次の問いに答えなさい。　4点×4〔16点〕

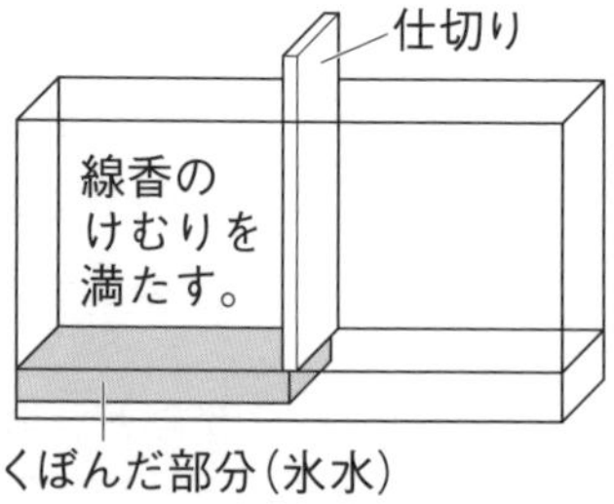

(1) しばらく置いてから仕切りを上げた。このとき，水槽内はどのようになるか。次の㋐〜㋓から選びなさい。（　　）

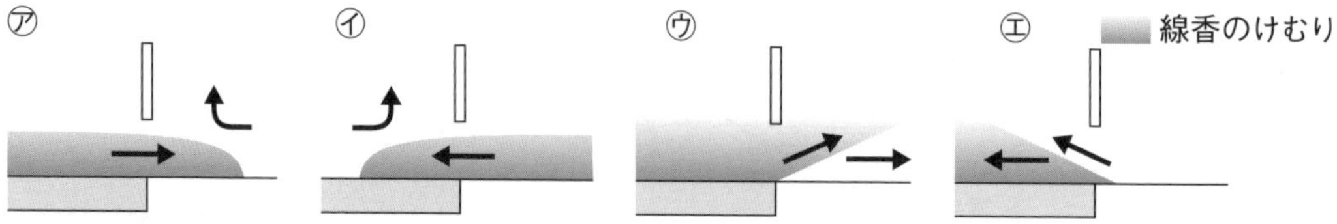

(2) (1)のような結果になる理由は次のア，イのどちらか。（　　）

ア　冷たい空気はあたたかい空気より密度が大きいから。

イ　冷たい空気はあたたかい空気より密度が小さいから。

(3) この実験で，冷たい空気とあたたかい空気はすぐに混じり合わず，境の面をつくることがわかった。大気中でも，同じような現象が起こる。このような，気温や湿度などの性質が異なる空気のかたまりがつくる，境の面を何というか。（　　　　）

(4) (3)の境の面が，地表面と接したところを何というか。（　　　　）

よく出る **3** 右の図は，ある天気図の一部である。次の問いに答えなさい。　5点×8〔40点〕

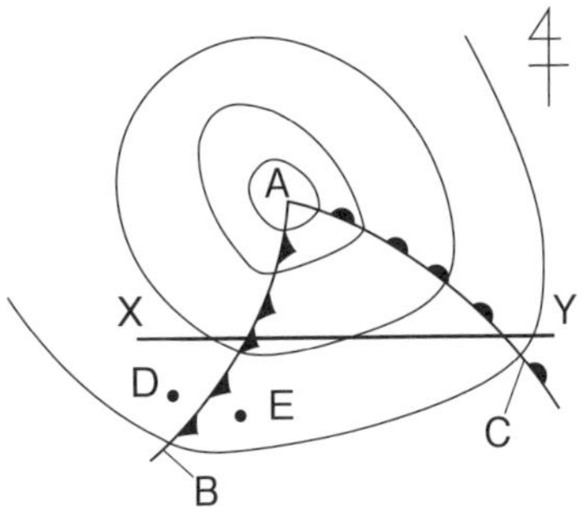

(1) 気圧の等しい点を結んだ曲線を何というか。
(　　　　)

(2) Aは，低気圧と高気圧のどちらの中心か。
(　　　　)

(3) Bの前線による降水があるのは，D，Eのどちらか。
(　　)

(4) Cの前線付近の雨の降り方について，正しいものを次のア〜エからすべて選びなさい。(　　　　)

ア　短時間降る。　　イ　長時間降り続ける。

ウ　強い雨が降る。　　エ　弱い雨が降る。

(5) B，Cの前線をそれぞれ何というか。　B(　　　　)　C(　　　　)

(6) B，Cの前線を図のようにX—Yで切って，その断面を南側からみたときの大気のようすを正しく表しているのはどれか。次の㋐〜㋓から選びなさい。(　　)

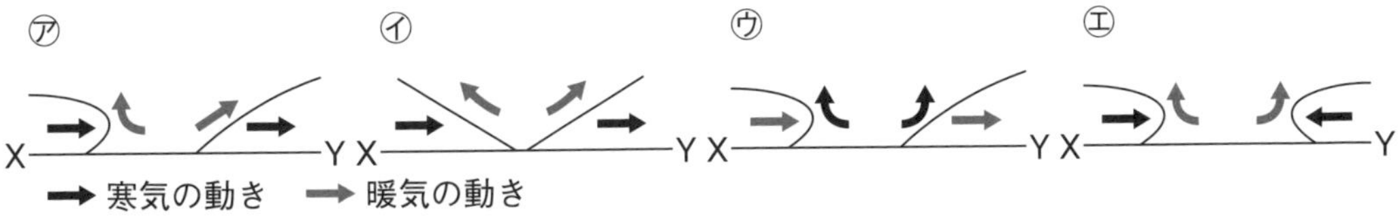

(7) Bの前線がCの前線に追いつくと，何前線ができるか。(　　　　)

よく出る **4** 右の図は，ある前線が通過したときの気象要素の記録である。これについて，次の問いに答えなさい。　4点×5〔20点〕

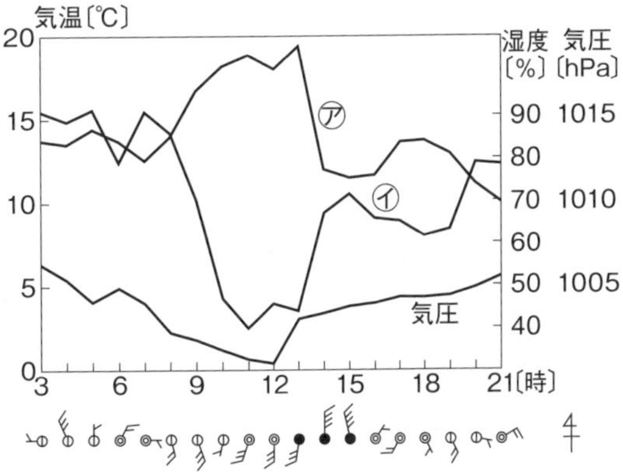

(1) 右の図の㋐，㋑は，気温と湿度をそれぞれ表している。気温を表しているのはどちらか。(　　)

(2) (1)のように答えた理由として適切なものを，次のア〜エから選びなさい。(　　)

ア　気温が5℃以下になることはないから。

イ　気温と湿度は雨が降ると高くなるから。

ウ　気温が高くなると湿度は低くなり，気温が低くなると湿度は高くなるから。

エ　気温は昼間の方が高く，夜になると低くなるから。

(3) 前線が通過したと考えられるのはいつか。次のア〜ウから選びなさい。(　　)

ア　11時から12時の間　　イ　13時から14時の間　　ウ　15時から16時の間

記述 (4) (3)のように考えたのはなぜか。理由を書きなさい。

(　　　　　　　　　　　　　　　　)

(5) このとき通過した前線の名前を書きなさい。(　　　　)

第３章　大気の動きと日本の天気

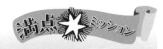

満点★ミッション

①偏西風
中緯度地域の上空を西から東に向かう大気の動き。この西風によって，台風(たいふう)の進路が変わったり，天気が西から東に変化したりする。

ポイント
風は気圧の高いところから低いところに向かってふく。

②季節風
季節に特徴的な風。このような風を起こすおおもとは，太陽のエネルギーである。

③海陸風(かいりくふう)
昼は海から陸に，夜は陸から海に向かってふく風。朝と夕方，陸と海の温度差が小さくなり，気圧の差が小さくなるため風がやむ。これをなぎという。

ミス注意！
海風…海→陸
陸風…陸→海

テストに出る！ ココが要点　解答 p.10

① 大気の動きと天気の変化　[教] p.210～p.211

1 地球規模の大気の動き

(1) (①　　　　　　) 中緯度地域の上空で西から東にふく風。

(2) 地球規模の大気の動き　太陽のエネルギーにより生じている。

図１

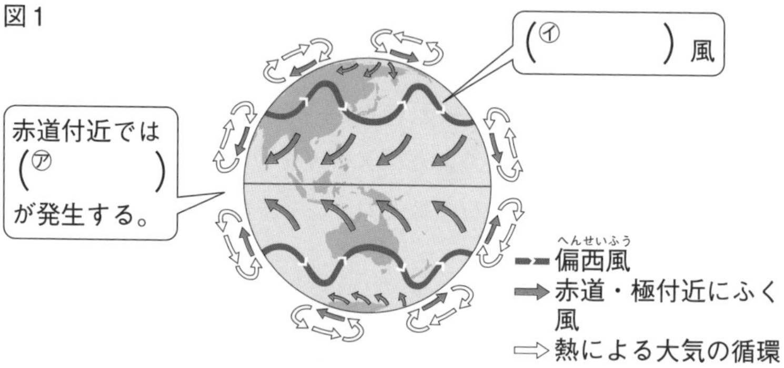
(㋑　　　　　) 風
赤道付近では
(㋐　　　　　)
が発生する。
偏西風(へんせいふう)
赤道・極付近にふく風
熱による大気の循環

② 日本の天気と季節風　[教] p.212～p.213

1 冬と夏・海と陸の大気の動き

(1) (②　　　　　　) 季節によって特徴的にふく風。冬はユーラシア大陸に高気圧，太平洋に低気圧があるため，北西の季節風(きせつふう)がふく。夏は，ユーラシア大陸に低気圧，太平洋に高気圧ができるため，南寄りの季節風がふく。

図２

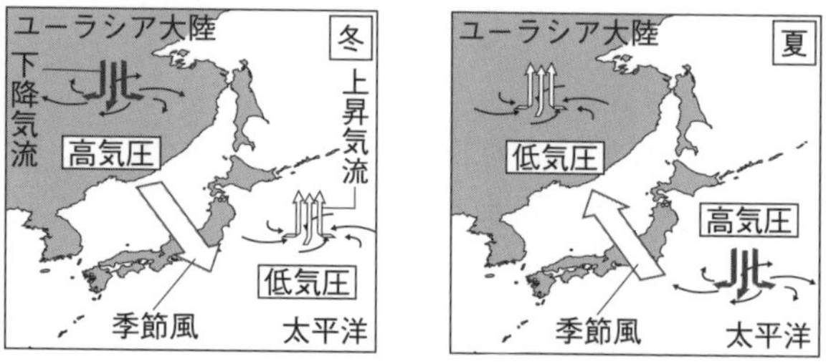
ユーラシア大陸
[冬]
下降気流
高気圧
上昇気流
低気圧
季節風
太平洋
ユーラシア大陸
[夏]
低気圧
高気圧
季節風
太平洋

(2) (③　　　　　　) 昼は海から陸へ(海風(うみかぜ))，夜は陸から海へ(陸風(りくかぜ))向かってふく風。

図３

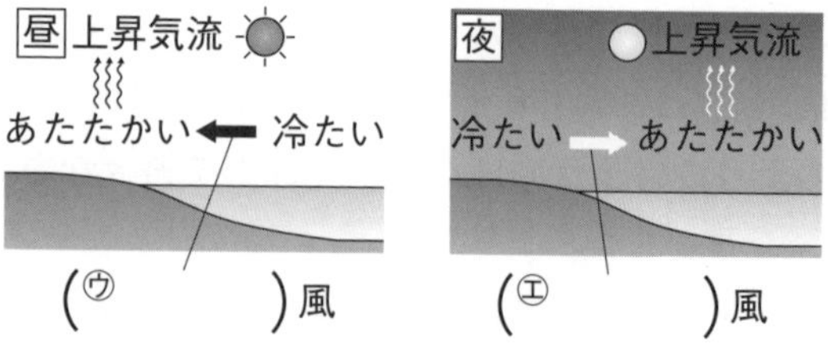
[昼] 上昇気流
あたたかい
冷たい
(㋒　　　　) 風
[夜] 上昇気流
冷たい
あたたかい
(㋓　　　　) 風

ココが要点の答えになります。

③ 日本の天気の特徴　教 p.214〜p.217

1 日本の天気

(1)　冬の天気　南北方向の等圧線が，せまい間隔で並ぶ，<u>西高東低</u>の冬型の気圧配置となる。ユーラシア大陸上に（④　　　　　　）という高気圧が発達するため，大陸から海に向かって，（⑤　　　　　　）という気団（きだん）から北西の季節風がふく。

図4 ●冬の日本の天気●

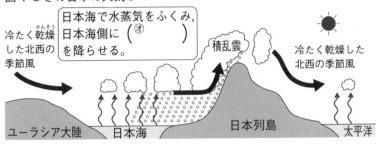

冷たく乾燥（かんそう）した北西の季節風

日本海で水蒸気をふくみ，日本海側に（オ　　　　　　）を降らせる。

積乱雲

冷たく乾燥した北西の季節風

ユーラシア大陸　　日本海　　日本列島　　太平洋

(2)　夏の天気　太平洋で（⑥　　　　　　）という高気圧が発達する。日本列島はあたたかくしめった気団である（⑦　　　　　　）の影響をうけ，高温多湿で晴れることが多い。

(3)　春と秋の天気　高気圧と低気圧が次々に日本列島付近を通るため，同じ天気は長く続かない。春と秋によく見られる高気圧を（⑧　　　　　　）といい，偏西風の影響で<u>西</u>から<u>東</u>へ移動する。

(4)　（⑨　　　　　　）　初夏に，長期間に雨が降り続く時期のこと。この時期にできる<u>停滞前線</u>を（⑩　　　　　　）という。また，夏の終わりにできる<u>停滞前線</u>を（⑪　　　　　　）という。

(5)　（⑫　　　　　　）　低緯度（ていいど）の熱帯地方で発生する<u>熱帯低気圧</u>（ねったいていきあつ）のうち，最大風速が約17m/s以上のもの。太平洋高気圧が弱まると北上し，偏西風に流されて東寄りに進路を変える。

④ 天気の変化と予測・気象災害への備え　教 p.218〜p.225

1 気象情報

(1)　天気の予測　過去の気象観測のデータから，気圧配置を予測し，天気の変化を予測する。

2 気象現象のめぐみと災害

(1)　気象現象のめぐみ　豊富な雨量による水資源。

(2)　気象災害への対応　自治体が発行する<u>ハザードマップ</u>などを利用し，災害時の行動を想定する。また，警報などを活用して適切な行動をとるように備える。

④シベリア高気圧（こうきあつ）
ユーラシア大陸上にできる高気圧。

⑤シベリア気団（きだん）
シベリア高気圧の中心部にできる気団。冷たく乾燥している。

⑥太平洋高気圧（たいへいようこうきあつ）
夏に発達する，太平洋の上にある高気圧。

⑦小笠原気団（おがさわらきだん）
太平洋上にできるあたたかくしめった気団。

⑧移動性高気圧（いどうせいこうきあつ）
春や秋に次々に日本にやってくる高気圧。

⑨つゆ（梅雨）（ばいう）
初夏に雨やくもりの日が続く時期のこと。

⑩梅雨前線
初夏に，南のあたたかくしめった小笠原気団と北の冷たくしめったオホーツク海気団がぶつかりあってできる。

⑪秋雨前線
夏の終わりに，梅雨前線と同じようにしてできる。

⑫台風（たいふう）
中心付近では強い風がふき，強い上昇気流が生じるので大量の雨が降る。夏から秋にかけて，南の海上で発達し，日本列島にやってくる。

解答 p.10

テストに出る!
予想問題　第３章　大気の動きと日本の天気

30分　/100点

1 大陸と海洋であたたまり方が異なることによって生じる風について，次の問いに答えなさい。　4点×10〔40点〕

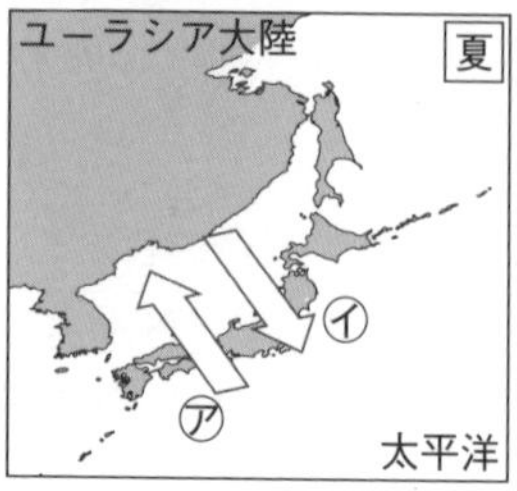

(1)　夏は，ユーラシア大陸と太平洋のどちらがあたたまりやすいか。　(　　　)

(2)　(1)のとき，気圧が低くなるのはユーラシア大陸と太平洋のどちらか。　(　　　)

(3)　(2)の気圧差によってふく風の風向は，図の㋐，㋑のどちらか。　(　　　)

(4)　冬になると，気圧が低くなるのはユーラシア大陸と太平洋のどちらか。　(　　　)

(5)　日本付近で夏や冬にふく，(3)のような風向が特徴的な風を何というか。　(　　　)

(6)　１日のうちで考えたとき，昼は，陸上と海上のどちらの気温が高くなるか。　(　　　)

(7)　(6)のとき，気圧が低くなるのは，陸上と海上のどちらか。　(　　　)

(8)　(6)のとき，風はどの方向へふくか。次のア～ウから選びなさい。　(　　　)

ア　陸から海へふく。　イ　海から陸へふく。　ウ　風はふかない。

(9)　夜になると，風はどの方向へふくか。(8)のア～ウから選びなさい。　(　　　)

(10)　(8)や(9)のような，海に近い地域でふく風を何というか。　(　　　)

2 右の図は，冬の風の動きを模式的に示したものである。これについて，次の問いに答えなさい。　3点×5〔15点〕

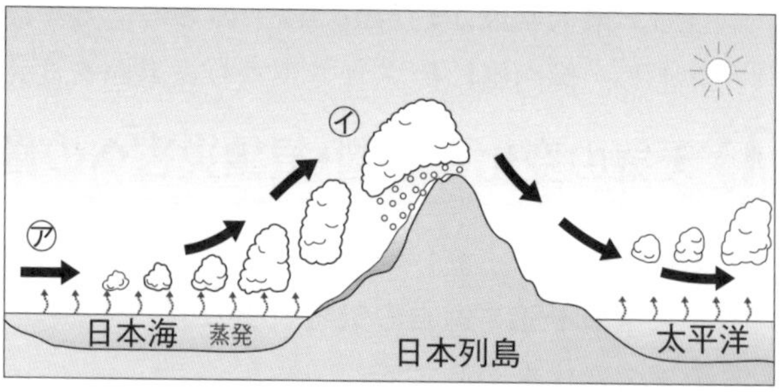

(1)　㋐は，何という気団からふいてきた風を表しているか。　(　　　)

(2)　㋐の風の風向を，次のア～エから選びなさい。　(　　　)

ア　南東　イ　南西

ウ　北東　エ　北西

(3)　(1)の気団の特徴を，次のア～エからすべて選びなさい。　(　　　)

ア　乾燥　イ　湿潤　ウ　寒冷　エ　温暖

(4)　㋑で発生した雲は，日本海側にどのような天気をもたらすか。　(　　　)

[記述] (5)　図で，太平洋側で晴れるのはなぜか。簡単に書きなさい。

(　　　)

よく出る **3** 日本の四季の天気について，あとの問いに答えなさい。 3点×15〔45点〕

図1 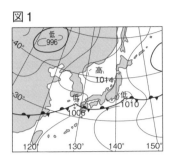 図2 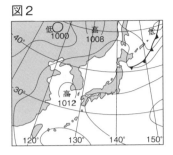 図3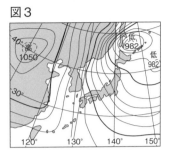

(1) 移動性高気圧が次々に通過し，同じ天気が長く続かない季節を2つ答えなさい。
（　　　）（　　　）

(2) (1)のとき，移動性高気圧はどの方向からどの方向へ移動するか。（　　　）

(3) (2)のように移動する原因となるものを，次のア〜エから選びなさい。（　　　）

　ア　海陸風　　イ　閉そく前線　　ウ　偏西風　　エ　台風

(4) 図1は，つゆのころの天気図である。このころの天気に影響を与える気団を，次のア〜エから2つ選びなさい。（　　　）（　　　）

　ア　あたたかく乾燥した気団　　イ　冷たく乾燥した気団

　ウ　あたたかくしめった気団　　エ　冷たくしめった気団

(5) 図1に見られる停滞前線を何というか。（　　　）

(6) 夏の終わりに見られる，(5)と同じような停滞前線を何というか。（　　　）

(7) 図2は，夏の天気図である。このころ，日本の南東で成長する高気圧を何というか。
（　　　）

(8) 夏の日本をおおう気団を何というか。（　　　）

(9) 次の文の（　）にあてはまる言葉を書きなさい。
①（　　　　　）　②（　　　　　）

　　図3のような気圧配置のことを，（ ① ）の（ ② ）型の気圧配置という。

(10) 図3のころ，ユーラシア大陸上で成長する高気圧を何というか。
（　　　）

(11) 台風について正しく述べているものを，次のア〜オからすべて選びなさい。
（　　　）

　ア　夏から秋にかけて，日本列島にやってくる。

　イ　発達した熱帯低気圧である。

　ウ　温帯で発生する。

　エ　中心付近は強い上昇気流が生じている。

　オ　最大風速が7m/s以上の温帯低気圧を台風という。

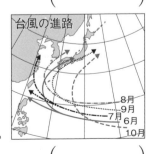
台風の進路
8月
9月
7月
6月
10月

(12) 日本列島付近に北上してきた台風は，東寄りに進路を変える。
この進路に影響を与えている風を何というか。（　　　）

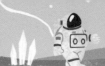

第1章 静電気と電流

満点ミッション

①静電気
物体と物体がこすれ合うと生じる電気。衣服がこすれ合ったときにパチパチと音がしたり，下じきとかみの毛をこすり合わせると，かみの毛が逆立ったりするのは，この電気が生じているからである。

②帯電（たいでん）
一方の物体の－の電気が他方に移動してどちらの物体も電気をもつ状態になること。

③放電
電気が，空気中を一気に流れる現象。雷は雷雲（らいうん）の中の氷の粒がこすれ合って静電気が生じ，空気中を一瞬で流れる現象。

④真空放電（しんくうほうでん）
気圧を低くした空間に，電流が流れる現象。

⑤陰極線（いんきょくせん）
真空放電で，－極から＋（プラス）極に向かって出る，－の電気を帯びた小さな粒子（電子（でんし））の流れ。

ココが要点の答えになります。

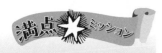

テストに出る！ ココが要点 解答 p.11

① 静電気と放電 [教] p.238〜p.241

[1] 静電気（せいでんき）の発生

(1) (①) －（マイナス）の電気の移動によって物体に生じる電気。物体をこすり合わせると生じる。同じ種類の電気どうしは反発し合い，異なる種類の電気どうしは引き合う。物体の表面にとどまっている。

(2) (②) 物体が電気を帯びること。

図1

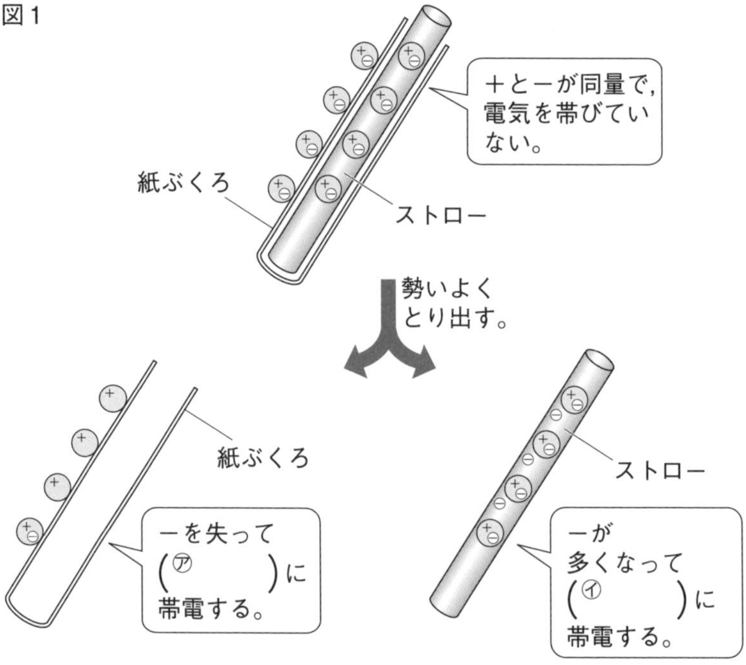

＋と－が同量で，電気を帯びていない。
紙ぶくろ
ストロー
勢いよくとり出す。
紙ぶくろ
－を失って(㋐)に帯電する。
ストロー
－が多くなって(㋑)に帯電する。

[2] 静電気と放電（ほうでん）

(1) (③) たまっていた電気が空間を一瞬（いっしゅん）で流れる現象。 [例]いなずま

② 電流の正体 [教] p.242〜p.245

[1] 電流の正体

(1) (④) 気圧を低くした空間に電流が流れる現象。

(2) (⑤) クルックス管に蛍光板を入れて電圧を加えると，光る筋が見える。このときの－極(陰極)から出て蛍光板を光らせる物質の流れ。

図2

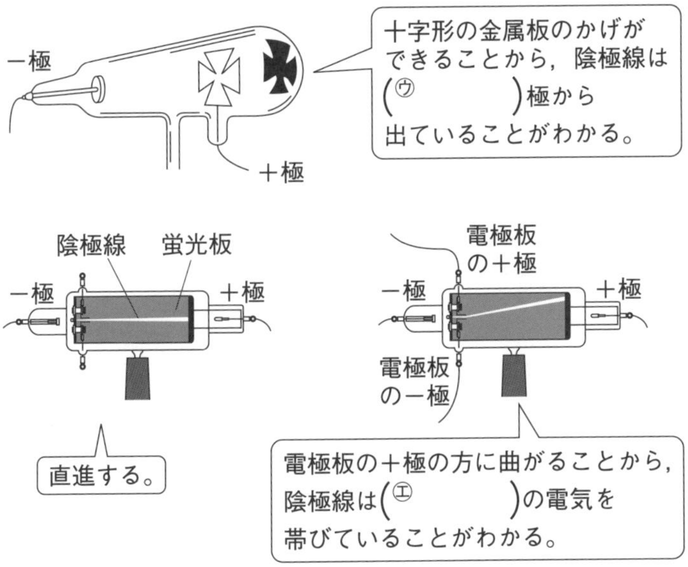
－極
＋極
十字形の金属板のかげができることから，陰極線は(㋒　　　)極から出ていることがわかる。
陰極線
蛍光板
－極
＋極
直進する。
電極板の＋極
－極
＋極
電極板の－極
電極板の＋極の方に曲がることから，陰極線は(㋓　　　)の電気を帯びていることがわかる。

(3) 電流の正体

- (⑥　　　　)…－の電気を帯びた小さな粒子。
- (⑦　　　　)…金属の中の電子の移動。導線をつなぐと，電子が－極から出て，＋極へ移動していく。

図3

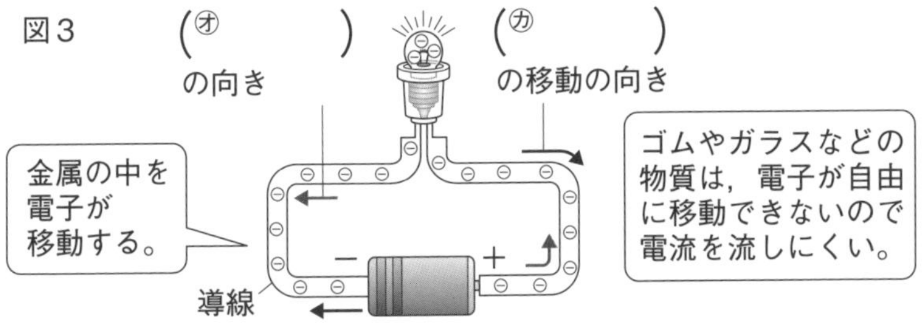
(㋔　　　)の向き
(㋕　　　)の移動の向き
金属の中を電子が移動する。
ゴムやガラスなどの物質は，電子が自由に移動できないので電流を流しにくい。
－
＋
導線

③ 放射線の性質と利用

[教] p.246〜p.248

1 放射線（ほうしゃせん）の種類

(1) (⑧　　　　) 放射線を出す物質。

(2) (⑨　　　　) 放射線を出す性質(能力)のこと。

(3) 放射線の種類　X（エックスせん）線，α（アルファ）線，β（ベータ）線，γ（ガンマ）線など。目では見ることができない。

2 放射線の性質と利用

(1) 物質を通りぬける性質(透過性（とうかせい）)　からだの内部を調べたり，物体の内部を調べたりすることができる。

(2) 物質を変質させる性質　病気の治療（ちりょう），農作物の品種改良，材料の改良などに利用することができる。

(3) 課題　人体への影響の可能性があるので，放射性物質（ほうしゃせいぶっしつ）の管理に注意する必要がある。

満点★ミッション

⑥電子
－の電気を帯びた小さな粒子。陰極線がこの粒子の流れであることを，イギリスのトムソンが発見した。

⑦電流
電子の流れ。電池の＋極から－極の向きに流れると決められているが，実際は，電子が－極から出て＋極へ移動している。

ポイント
電子は－の電気を帯びているので，＋極に引きつけられる。

⑧放射性物質
地中にあるウラン，植物や動物の体内にある放射性カリウム，空気中にあるラドンなど。

⑨放射能
放射線を出す能力。

テストに出る！

予想問題　第1章　静電気と電流

⏱30分　/100点

1 ストローAを紙ぶくろに入れ，紙ぶくろとこすれ合うように勢いよくとり出して右の図のようにつるした。このとき，ストローAは－の電気を帯びていた。次の問いに答えなさい。

4点×7〔28点〕

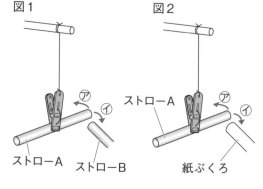

図1　図2　ストローA　紙ぶくろ　ストローA　ストローB

(1) ストローBも同じように紙ぶくろから勢いよくとり出し，図1のように，つるしたストローAに近づけた。ストローAは㋐，㋑のどちらに動いたか。　（　　）

(2) 図2のように，紙ぶくろをストローAに近づけた。ストローAは㋐，㋑のどちらに動いたか。　（　　）

(3) このとき，ストローB，紙ぶくろは＋，－のどちらの電気を帯びているか。

ストローB（　　）　紙ぶくろ（　　）

(4) ストローと紙ぶくろがこすれ合って発生する電気を何というか。　（　　）

(5) 物質が(4)の電気を帯びることを何というか。　（　　）

(6) ストローや紙ぶくろは，＋と－の電気を同じ量だけもっている。これらをこすり合わせたあと，どのようにしてストローAが－の電気を帯びたか。次のア～エから選びなさい。　（　　）

　ア　紙ぶくろの＋の電気がストローに移動した。

　イ　紙ぶくろの－の電気がストローに移動した。

　ウ　ストローの＋の電気が紙ぶくろに移動した。

　エ　ストローの－の電気が紙ぶくろに移動した。

2 右の図のように，合成繊維などとこすり合わせた下じきに4ワットの蛍光灯を近づけた。これについて，次の問いに答えなさい。

5点×3〔15点〕

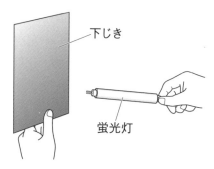

下じき　蛍光灯

(1) 下じきに蛍光灯を近づけたとき，蛍光灯にどのようなことが起こるか。次のア～ウから選びなさい。　（　　）

　ア　点灯し続ける。　　イ　一瞬だけ点灯する。

　ウ　何も起こらない。

記述 (2) (1)のようになったのはなぜか。簡単に書きなさい。

（　　　　　　　　　　　　　　　　　　　　　　　　）

(3) たまっていた電気が流れ出す現象を何というか。　（　　）

3 下の図のように，クルックス管内の電極に電圧を加えて，いろいろな実験を行った。これについて，あとの問いに答えなさい。 5点×9〔45点〕

図1　　　　　　　　　　　図2　　　　　　　　　　図3

電極A　電極B

電極板の＋極

電極板の－極

(1) 電圧を加えると図1のようなかげができた。このとき，電極Aは＋極，－極のどちらか。
（　　　　　　　）

(2) 図1で，電極A，Bの極を反対にして電圧を加えた。このとき，十字形のかげはできるか。
（　　　　　　　）

(3) 図2で見られた光について，どのようなことが考えられるか。次のア〜ウから選びなさい。
（　　　　）
ア　＋極から出ている。　イ　－極から出ている。　ウ　＋極と－極から交互に出ている。

(4) 図2で，蛍光板の明るい線はどの方向に進むように見えるか。図2の㋐〜㋒から選びなさい。
（　　　　）

(5) 図2の結果からわかる，この明るい線の性質は何か。　（　　　　　　　）

(6) 図3のように，上下の電極板を電源につなぐと，蛍光板の明るい線はどの方向に進むように見えるか。図3の㋐〜㋒から選びなさい。
（　　　　）

(7) 図3の結果から，明るい線は＋の電気と－の電気のどちらを帯びていると考えられるか。
（　　　　　　　）

(8) この実験で見られた明るい線を何というか。　（　　　　　　　）

(9) (8)の線は，小さな粒子の流れである。この粒子を何というか。　（　　　　　　　）

4 放射線について，次の問いに答えなさい。 4点×3〔12点〕

(1) 放射線を出す物質を何というか。　（　　　　　　　）

(2) ドイツのレントゲンが陰極線の研究を通じて発見した放射線は何か。
（　　　　　　　）

(3) 放射線について正しく述べているものを，次のア〜オからすべて選びなさい。
（　　　　　　　）

ア　放射線にはα線，β線とよばれるものがある。
イ　放射線は，昼間は見えないが，夜には目でも見ることができる。
ウ　放射性物質は，人工的に作りだしたものだけを利用している。
エ　放射線の透過性を利用して，空港などで手荷物検査をしている。
オ　放射線の物質を変質させる性質を利用して，工業製品の材料の改良に役立てている。

第2章　電流の性質(1)

テストに出る！ ココが要点　解答 p.12

① 電気の利用

[教] p.250～p.253

1 電気の利用

(1) (①　　　　　) 電流が流れる道筋。

● (②　　　　　)…2個の豆電球や抵抗器（ていこうき）などが1本の道筋でつながっている回路（かいろ）。

● (③　　　　　)…2個の豆電球や抵抗器などが枝分かれした道筋でつながっている回路。

図1　(㋐　　　　　)回路　　(㋑　　　　　)回路

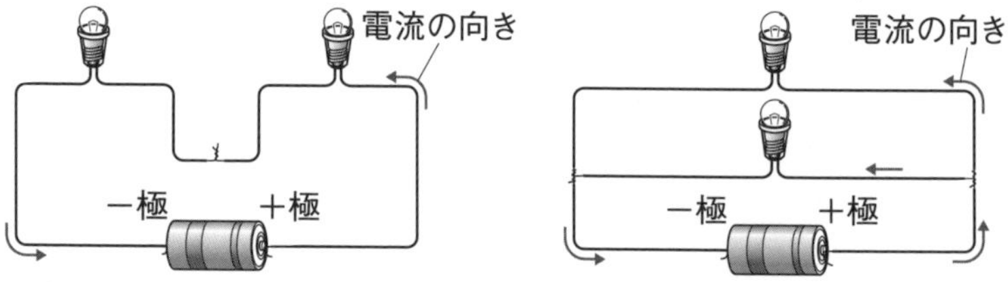

(2) (④　　　　　) 電気用図記号を使って回路を表したもの。

図2

電池・直流電源	電　球	スイッチ	抵抗器・電熱線
(㋒　　　)	(㋓　　　)	─╱ ─	─▭─
電流計	電圧計	導線の交わり(接続するとき)	導線の交わり(接続しないとき)
[A]	[V]	─●─	─┼─

② 回路に流れる電流

[教] p.253～p.257

1 電流

(1) 電流の大きさ (⑤　　　　　)を回路に直列につないで測定する。単位は(⑥　　　　　)(記号A)や(⑦　　　　　)(記号mA)が使われる。

図3 ●電流計●

最初に(㋔　　　　)の一端子（たんし）につなぐ。

電源の＋側につなぐ。

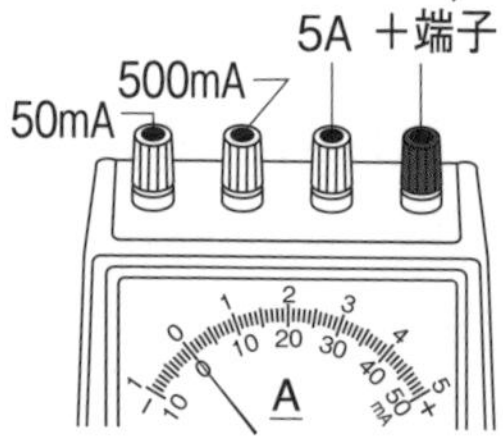

満点★ミッション

①回路
電流が流れる道筋。

②直列（ちょくれつ）回路
図1の㋐のような，1本の道筋でつながっている回路。

③並列（へいれつ）回路
図1の㋑のような，枝分かれした道筋でつながっている回路。

④回路図（かいろず）
図2の電気用図記号を使って回路を表したもの。

ミス注意！
電池または直流電源を表す記号(─|├─)では，長い方が＋極を表す。

⑤電流計
図3。電流の大きさをはかる機器。

⑥アンペア
電流の大きさの単位。フランスの科学者アンペールの名前に由来している。

⑦ミリアンペア
電流の大きさの単位。
1A＝1000mA

ココが要点の答えになります。

(2) **直列回路の電流** 回路の各点での電流の大きさは，どこも<u>同じ</u>。

図4

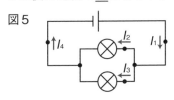

I_1（㋕　　　） I_2（㋖　　　） I_3

(3) **並列回路の電流** 枝分かれする前の電流の大きさは，枝分かれ
した後の電流の<u>和</u>に等しい。

図5

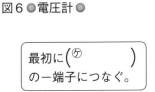
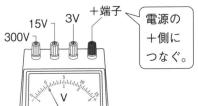

$I_1 = I_2$（㋗　　　） $I_3 = I_4$

③ 回路に加わる電圧

教 p.258〜p.261

1 電圧

(1) 電圧の大きさ（⑧　　　　　　）を回路に<u>並列</u>につないで測定
する。単位は（⑨　　　　　）(記号<u>V</u>)が使われる。

図6 ● 電圧計 ●

最初に（㋘　　　　　）
の−端子につなぐ。

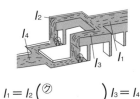

15V　3V　＋端子
300V

電源の
＋側に
つなぐ。

(2) **直列回路の電圧** 回路の各点にかかる電圧の大きさの<u>和</u>は，全
体に加わる電圧の大きさに等しい。

図7

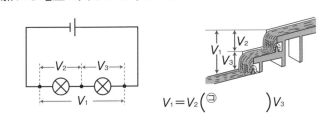

$V_1 = V_2$（㋙　　　）V_3

(3) **並列回路の電圧** 各区間に加わる電圧の大きさと，全体に加わ
る電圧の大きさが<u>等しい</u>。

図8

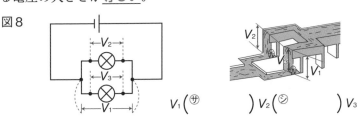

V_1（㋚　　　）V_2（㋛　　　）V_3

ポイント

電流は，水の流れる
量で考えるとよい。
枝分かれすると，水
の量は減るが，合流
すれば，また同じ量
になる。

⑧**電圧計**
図6。測定したい部
分に加わる電圧をは
かる機器。

⑨**ボルト**
電圧の大きさの単位。
イタリアの科学者ボ
ルタの名前に由来し
ている。

ポイント

電圧は，水の落差(高
低差)で考えるとよ
い。枝分かれしても，
高さは同じ。

テストに出る！

予想問題　第２章　電流の性質(1)

⏲ 30分　/100点

[1] 電流計と電圧計について，次の問いに答えなさい。　4点×8〔32点〕

[作図] (1) 電流計，電圧計の電気用図記号をかきなさい。

電流計(　　　　　)　電圧計(　　　　　)

(2) 電流計，電圧計を回路の測定する部分につなぐとき，直列につなぐか，並列につなぐか。

電流計(　　　　　)

電圧計(　　　　　)

(3) 電流計と電圧計では，測定する電流，電圧の大きさがわからないとき，どの－端子につなぐとよいか。

電流計(　　　　　)

電圧計(　　　　　)

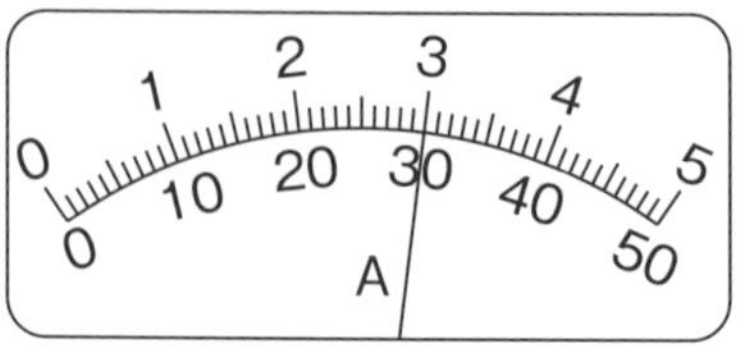

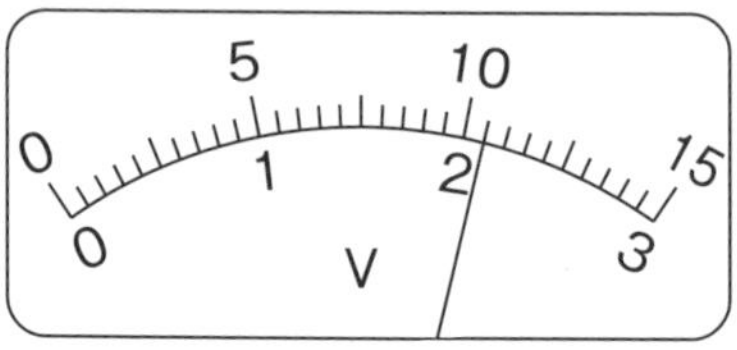

(4) 右の図で，500mA，15Vの－端子を使ったとするとき，電流と電圧の大きさをそれぞれ読みとりなさい。　電流(　　　　　)　電圧(　　　　　)

よく出る [2] 下の図は，豆電球２個をつなぎ，回路を流れる電流の大きさについて調べたものである。これについて，あとの問いに答えなさい。　4点×7〔28点〕

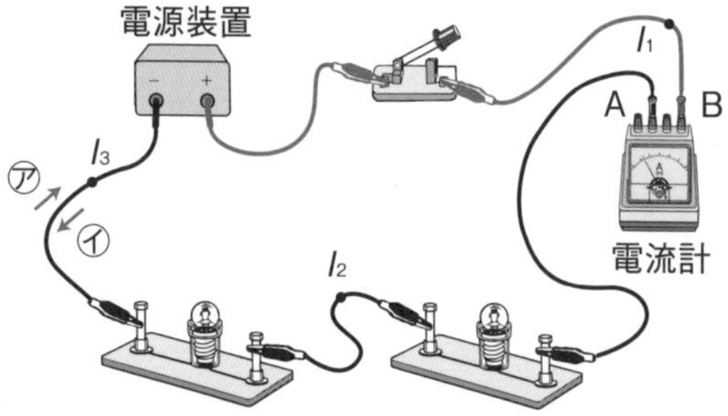

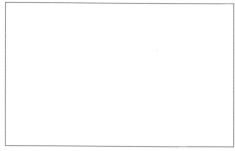

(1) 図のようなつなぎ方をした回路を何というか。　(　　　　　)

[作図] (2) 図の回路を，回路図で□にかきなさい。

(3) スイッチを入れたとき，電流は㋐，㋑のどちらの向きに流れるか。　(　　　)

(4) 電流計の＋端子は，A，Bのどちらか。　(　　　)

(5) スイッチを入れて電流 I_1 を測定すると，350mAであった。このとき，電流 I_2，I_3 の大きさを求めなさい。

I_2(　　　　　)　I_3(　　　　　)

(6) 図の電流 I_1，I_2，I_3 の関係を式に表すと，どのようになるか。次のア～エから選びなさい。　(　　　)

ア　$I_1 = I_2 = I_3$　　イ　$I_1 = I_2 + I_3$　　ウ　$I_2 = I_1 + I_3$　　エ　$I_3 = I_1 + I_2$

よく出る **3** 2種類の電熱線をつないで，下の図のような回路をつくり，電流の大きさを調べた。これ
について，あとの問いに答えなさい。 4点×5〔20点〕

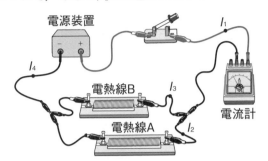

(1) 図のようなつなぎ方をした回路を何というか。 （　　　　　　　　）

作図 (2) 図の回路を，回路図で□にかきなさい。

(3) スイッチを入れて電流 I_1 の大きさを測定すると360mAであった。電流計のつなぎ方を
かえ，電流 I_2 の大きさを測定すると240mAであった。このとき，電流 I_3，I_4 の大きさを求
めなさい。 I_3（　　　　　　） I_4（　　　　　　）

(4) 図の電流 I_1，I_2，I_3，I_4 の関係を式に表すと，どのようになるか。次の**ア**～**ウ**から選びな
さい。 （　　　）

ア $I_1 = I_2 = I_3 = I_4$ 　　**イ** $I_1 = I_2 + I_3 + I_4$ 　　**ウ** $I_1 = I_2 + I_3 = I_4$

よく出る **4** いろいろな抵抗器を使って，下の図のような回路をつくり，電圧の大きさを調べた。これ
について，あとの問いに答えなさい。 4点×5〔20点〕

図1 　　　　　　　図2 　　　　　　　図3 　　　　　　　図4

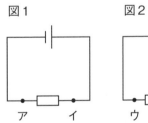
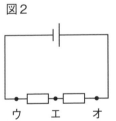
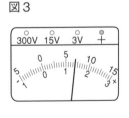
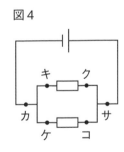

(1) 図1で，**アイ**間に加わる電圧と，電源の両端に加わる電圧には，どのような関係があるか。 （　　　　　　　　）

(2) 図2で，**ウエ**間に加わる電圧をはかると，3Vの−端子につないだ電圧計の目盛りが図
3のようになった。このときの電圧は何Vか，読みとりなさい。
（　　　　　　　　）

(3) (2)のとき，図2の**エオ**間に加わる電圧をはかると，1.5Vであった。このとき，**ウオ**間に
加わる電圧の大きさを求めなさい。 （　　　　　　　　）

(4) 図4で，**キク**間に加わる電圧は2.0Vであった。このとき，**ケコ**間，**カサ**間に加わる電圧
の大きさをそれぞれ求めなさい。 ケコ間（　　　　　　　　）

カサ間（　　　　　　　　）

第2章　電流の性質(2)

満点★ミッション

①電気抵抗(抵抗)（でんきていこう）
電流の流れにくさ。1Aの電流を流すためにどれだけの電圧が必要かを表した値。

②オーム
抵抗の大きさの単位。ある物体に1Aの電流を流すために1Vの電圧が必要だったとき，この物体の抵抗の大きさは1Ω。

③Ω
抵抗の大きさの単位の記号。

④オームの法則
図1のように，抵抗を流れる電流の大きさは抵抗の両端に加わる電圧の大きさに比例する。

ポイント
電流はI，電圧はV，抵抗はRで表す。

ココが要点の答えになります。

テストに出る！ ココが要点　解答 p.13

① 電圧と電流と抵抗　[教] p.262～p.267

1 電流の流れにくさ

(1) (①　　　　) 抵抗器などを電流が流れるときの，電流の流れにくさ。単位には(②　　　　)(記号(③　　))が使われる。

図1

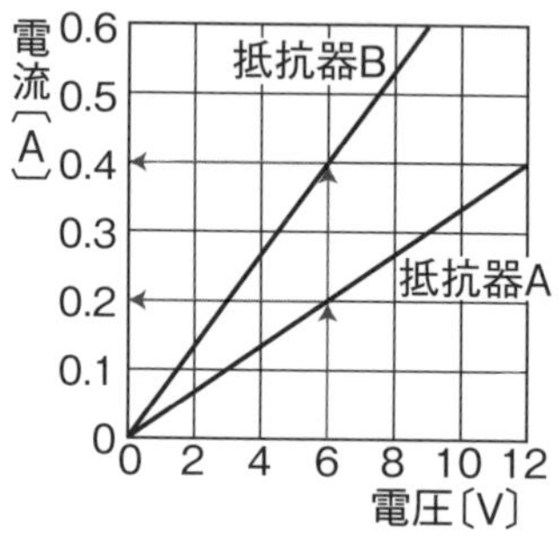

抵抗器Bより，抵抗器Aのほうが電流が流れ(㋐　　　　)。

(2) (④　　　　) 抵抗を流れる電流の大きさは，抵抗（ていこう）の両端に加わる電圧の大きさに比例するという法則。

図2 ● オームの法則（ほうそく） ●

(㋑　　　　)〔Ω〕＝ (㋒　　　　)〔V〕 / (㋓　　　　)〔A〕

電圧〔V〕＝(㋔　　　　)〔Ω〕×(㋕　　　　)〔A〕

(㋖　　　　)〔A〕＝ (㋗　　　　)〔V〕 / (㋘　　　　)〔Ω〕

(3) 直列回路の抵抗　回路全体の抵抗(合成抵抗)の大きさは，各部分の抵抗の大きさの和に等しい。

(4) 並列回路の抵抗　回路全体の抵抗(合成抵抗)の大きさは，ひとつひとつの抵抗の大きさよりも小さくなる。

図3

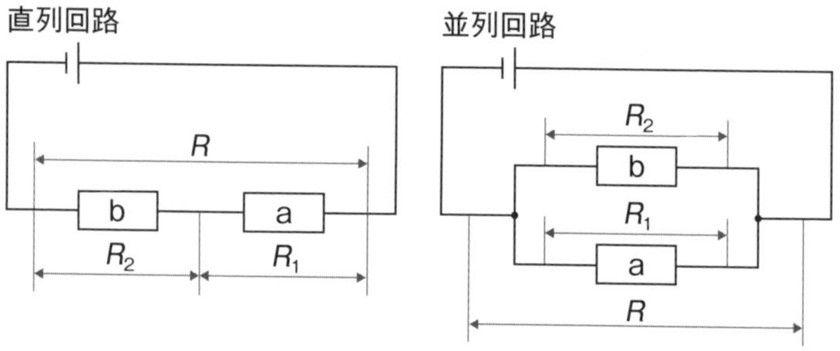

$R=R_1$(㋙　　)R_2　　$\frac{1}{R}=\frac{1}{R_1}$(㋚　　)$\frac{1}{R_2}$

(5) 導体と不導体

- (⑤　　　　　)…電気を通しやすい物質。 [例]金属
- (⑥　　　　　)…抵抗がきわめて大きく，電気をほとんど通さない物質。 [例]ゴム，ガラスなど。
- (⑦　　　　　)…導体と不導体との中間の性質をもつ物質。 [例]シリコン，ゲルマニウム

② 電気エネルギー

[教] p.268～p.272

1 電気エネルギー

(1) (⑧　　　　　) 1秒間あたりに使われる電気エネルギーの大きさを表す値。消費電力ともいう。単位は(⑨　　　　　)(記号W)。
電力〔W〕＝電圧〔V〕×電流〔A〕

図4

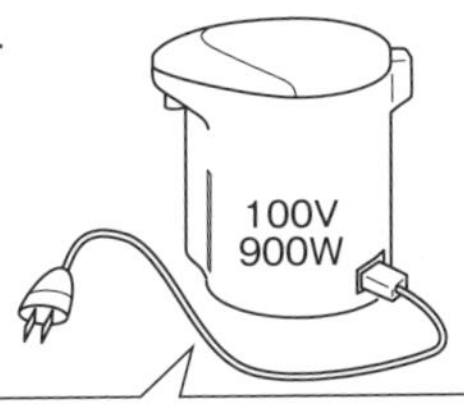

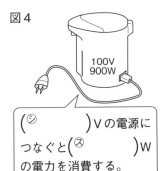

(㋛　　　　)Vの電源につなぐと(㋜　　　　)Wの電力を消費する。

(2) 電流による発熱　一定の電圧では，電熱線の電力の値が大きいほど，また，電流を流す時間が長いほど，発生する熱量は大きくなる。

図5

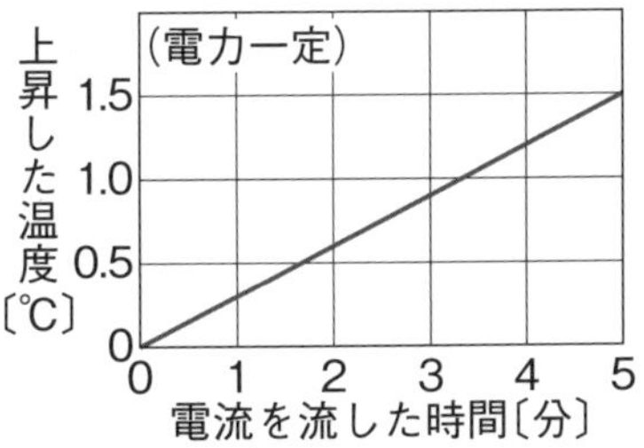

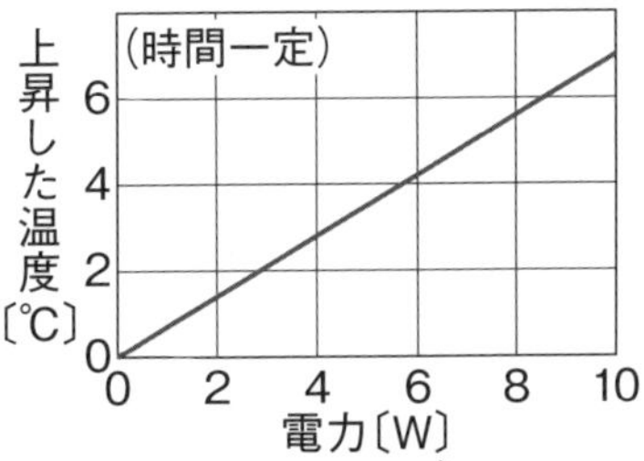

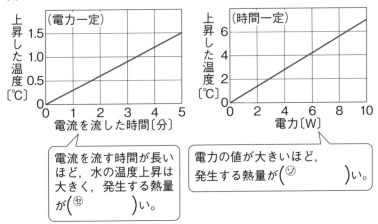

電流を流す時間が長いほど，水の温度上昇は大きく，発生する熱量が(㋝　　　　)い。

電力の値が大きいほど，発生する熱量が(㋞　　　　)い。

(3) (⑩　　　　　) 電流を流すときに発生する熱の量。単位は(⑪　　　　　)(記号J)。水1gの温度を1℃上げるのに必要な熱量は，約4.2Jである。
熱量〔J〕＝電力〔W〕×時間〔s〕

(4) (⑫　　　　　) 一定時間電流が流れたときの電気エネルギーの総量。実用的(電気料金の算出など)には(⑬　　　　　)(記号Wh)やキロワット時(記号kWh)が使われる。
電力量〔J〕＝電力〔W〕×時間〔s〕

満点ミッション

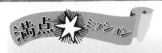

⑤導体
金属など，電気を通しやすい物質。

⑥不導体(絶縁体)
電気をほとんど通さない物質。

⑦半導体
導体と不導体の中間の性質をもつ物質。

⑧電力
1秒間あたりに使われる電気エネルギーの大きさを表す値。消費電力ともいう。

⑨ワット
電力の単位。記号W。1Wは1Vの電圧を加えて1Aの電流が流れたときの電力。

⑩熱量
電熱線などに電流を流すと発生する熱の量。

⑪ジュール
熱量の単位。電力量の単位でもある。

⑫電力量
電熱線などに電流を流したときに消費される電気エネルギー。

⑬ワット時
1Wの電力を1時間消費したときの電力量は1Wh。
1Wh＝3600J
1kWh＝1000Wh

テストに出る!
予想問題　第2章　電流の性質(2)−①

⏱ 30分

/100点

よく出る **1** 下の表は，電熱線A，Bに電圧を加えたときの電流の大きさを調べた結果である。これについて，あとの問いに答えなさい。

3点×6〔18点〕

電　圧	1.5V	3.0V	4.5V	6.0V
電熱線A	100mA	200mA	300mA	400mA
電熱線B	50mA	100mA	150mA	200mA

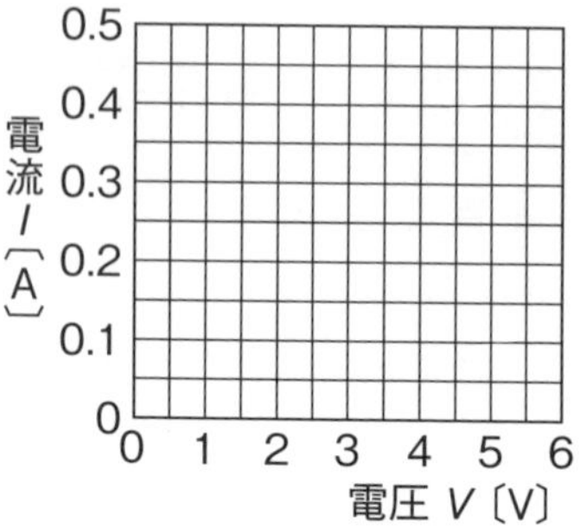

作図 (1) 電熱線AとBについて，得られた結果を右のグラフに表しなさい。

(2) 結果から，電熱線に加わる電圧と電流の大きさにはどのような関係があるとわかるか。　（　　　　　）

(3) (2)のような関係があることを，何の法則というか。　　　　（　　　　　）

(4) 電流が流れにくいのは，電熱線A，Bのどちらか。　（　　　）

(5) 抵抗が大きいのは，電熱線A，Bのどちらか。　（　　　）

(6) 電熱線Bの抵抗を求めなさい。　　　　（　　　　　）

（グラフ：縦軸 電流 I〔A〕 0〜0.5，横軸 電圧 V〔V〕 0〜6）

2 下の図1のような回路をつくり，電圧と電流を測定して図2のグラフに表した。これについて，あとの問いに答えなさい。

3点×3〔9点〕

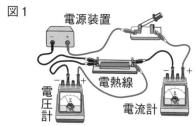

図1　電源装置　電熱線　電圧計　電流計

図2（縦軸 電流〔A〕0〜0.6，横軸 電圧〔V〕0〜12）

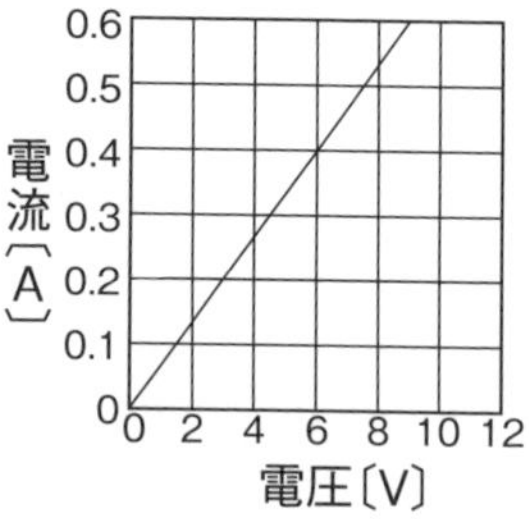

(1) 電熱線に6Vの電圧を加えたとき，何Aの電流が流れるか。　（　　　　　）

(2) 電熱線に0.2Aの電流を流すには，何Vの電圧を加えればよいか。　（　　　　　）

(3) この電熱線の抵抗は何Ωか。　（　　　　　）

3 右の図について，(1)〜(3)のときの電流，電圧，抵抗の大きさを求めなさい。　3点×3〔9点〕

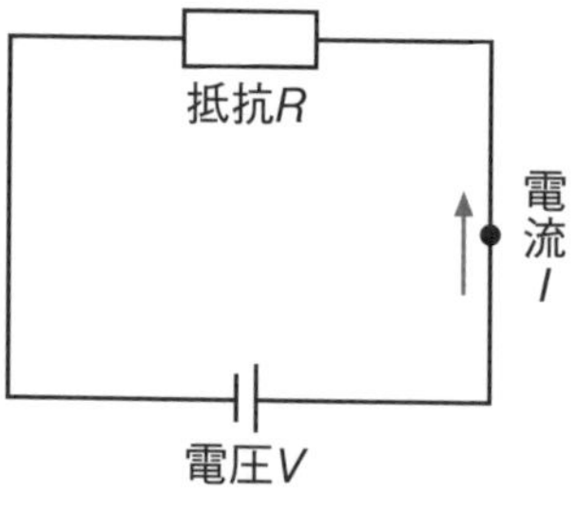

(1) 電源の電圧6V，抵抗20Ωのときの電流I。

（　　　　　）

(2) 電流500mA，抵抗10Ωのときの電源の電圧V。

（　　　　　）

(3) 電源の電圧4.5V，電流0.5Aのときの抵抗R。

（　　　　　）

（回路図：抵抗R，電流I，電圧V）

4 抵抗器を2個使って直列や並列につなぎ，回路をつくった。これについて，あとの問いに
答えなさい。　　　　　　　　　　　　　　　　　　　　　　4点×10〔40点〕

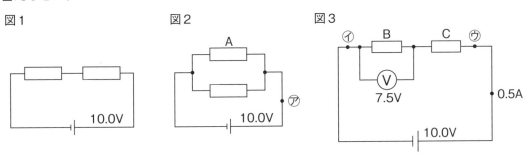

(1)　図1は，抵抗が10Ωの抵抗器2個を直列につないだ回路である。回路の全体の抵抗の大
　　きさは何Ωか。　　　　　　　　　　　　　　　　　　　　　　（　　　　　　　）
(2)　図1で，電源の電圧を10.0Vにした。回路を流れる電流は何Aか。　（　　　　　　　）
(3)　図2は，抵抗が10Ωの抵抗器2個を並列につないだ回路である。電源の電圧を10.0Vに
　　したとき，抵抗器Aに加わる電圧は何Vか。　　　　　　　　　（　　　　　　　）
(4)　(3)のとき，㋐の点を流れる電流は何Aか。　　　　　　　　　　（　　　　　　　）
(5)　図2で，回路全体の抵抗の大きさは何Ωか。　　　　　　　　　（　　　　　　　）
(6)　図3は，抵抗の大きさがわからない抵抗器B，Cを使った回路である。抵抗器Bを流れ
　　る電流は何Aか。　　　　　　　　　　　　　　　　　　　　　（　　　　　　　）
(7)　抵抗器Bの抵抗の大きさは何Ωか。　　　　　　　　　　　　　（　　　　　　　）
(8)　抵抗器Cに加わる電圧は何Vか。　　　　　　　　　　　　　　（　　　　　　　）
(9)　抵抗器Cの抵抗の大きさは何Ωか。　　　　　　　　　　　　　（　　　　　　　）
(10)　㋑㋒間の全体の抵抗の大きさは何Ωか。　　　　　　　　　　（　　　　　　　）

5 下の①〜⑥の回路について，電流I，電圧V，抵抗Rの大きさを求めなさい。　4点×6〔24点〕

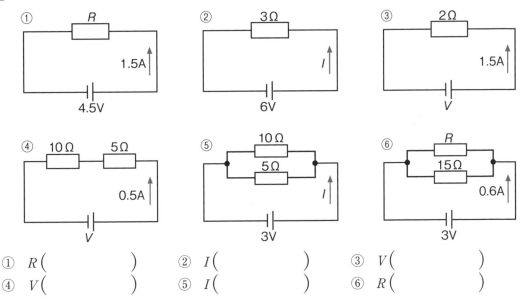

①　R（　　　　　　　）　②　I（　　　　　　　）　③　V（　　　　　　　）
④　V（　　　　　　　）　⑤　I（　　　　　　　）　⑥　R（　　　　　　　）

テストに出る！

予想問題　第2章　電流の性質(2)ー②

⏱30分

/100点

1 右の表は，いろいろな物質の抵抗を示したものである。これについて，次の問いに答えなさい。　5点×4〔20点〕

物質	抵抗〔Ω〕
金	0.022
銀	0.016
銅	0.017
鉄	0.10
ニクロム	1.1
タングステン	0.054
ガラス	10^{15}～10^{17}
ゴム	10^{19}～10^{21}

(断面積 1 mm², 長さ 1 m, 温度20℃)

(1) 電気を通しやすい物質のことを何というか。

(　　　　　)

(2) 電気をほとんど通さない物質のことを何というか。

(　　　　　)

(3) 表の物質の中で，(2)にあたるものを2つ選びなさい。

(　　　　　) (　　　　　)

2 右の図のような装置を3個つくり，それぞれのカップに同量の水を入れて，6V－6W，6V－9W，6V－18Wの電熱線を入れ，6Vの電圧を加えた。表は実験の結果である。これについて，あとの問いに答えなさい。　4点×7〔28点〕

	開始前の水温	5分後の水温
6V－6W	16.0℃	20.4℃
6V－9W	16.0℃	22.5℃
6V－18W	16.0℃	29.0℃

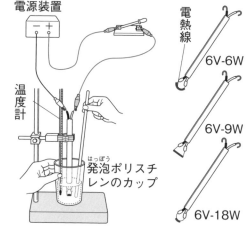

電源装置

電熱線

6V-6W

6V-9W

6V-18W

温度計

発泡ポリスチレンのカップ

(1) 6V－9Wの電熱線に6Vの電圧を加えたとき，電熱線には何Aの電流が流れるか。

(　　　　　)

(2) 6V－9Wの電熱線の抵抗は何Ωか。

(　　　　　)

(3) 電流を流す時間が長いと，電熱線に発生する熱量はどうなるか。次のア～ウから選びなさい。　(　　　　　)

ア　大きくなる。　　イ　小さくなる。　　ウ　変わらない。

(4) 6V－18Wの電熱線に5分間電流を流したとき，電熱線で消費された電力量は何Jか。

(　　　　　)

(5) 6V－18Wの電熱線では，5分間で水温が何℃上昇したか。　(　　　　　)

(6) この実験から，水温の上昇が最も大きい電熱線はどれだといえるか。次のア～エから選びなさい。　(　　　　　)

ア　6V－6Wの電熱線　　イ　6V－9Wの電熱線

ウ　6V－18Wの電熱線　　エ　この実験からはわからない。

(7) 電力が大きくなると，電熱線に発生する熱量はどうなるか。　(　　　　　)

3 下の図のような回路で水を熱し，電流を流した時間と水の上昇温度の関係をグラフに表した。このとき，電源の電圧は 6 V，電流計は1.5Aを示していた。これについて，あとの問いに答えなさい。　　　　　　　　　　　　　　　　　　　　　　　　　　　4点×7〔28点〕

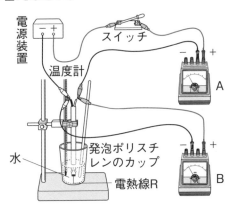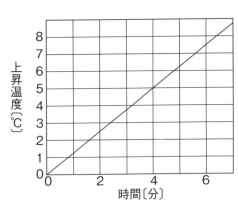

⑴　電流計は，図の **A**，**B** のどちらか。　　　　　　　　　　　　（　　　　）

⑵　この実験で用いた電熱線 **R** の抵抗を求めなさい。　　　（　　　　）

⑶　電熱線は電気のはたらきで熱を発生している。このようなはたらきをする，電気のもつエネルギーを何というか。　　　　　　　　　　　　（　　　　）

⑷　1秒間あたりに使われる⑶の大きさを表す値を何というか。　（　　　　）

⑸　電熱線 **R** で消費する⑷の大きさを求めなさい。　　　　（　　　　）

⑹　グラフより，電熱線に電流を流す時間と水の上昇温度にはどのような関係があるといえるか。　　　　　　　　　　　　　　　　　　　　（　　　　）

⑺　この回路に4分間電流を流したとき，電熱線で発生した熱量を求めなさい。
　　　　　　　　　　　　　　　　　　　　　　　　（　　　　）

4 右の図は，ある家庭の電気器具の配線のようすである。これについて，次の問いに答えなさい。　　　　　　　　　　　　　　　　　4点×6〔24点〕

⑴　図の電熱器に流れる電流の大きさを求めなさい。　　　　　　　　（　　　　）

⑵　図の電球 **A**，**B** で，明るく見えるのはどちらか。　　　　　　　　　　　（　　　　）

⑶　4つの電気器具をすべて同時に使うとき，全体の消費電力はいくらになるか。
　　　　　　　　　（　　　　）

⑷　2時間使用したときに消費された電力量が最も大きい電気器具はどれか。
　　　　　　　　（　　　　）

⑸　⑷で選んだ電気器具を2時間使ったときに消費された電力量は何Jか。また，それは何Whか。　　　　　　　　　　　　　　（　　　　）（　　　　）

第３章　電流と磁界

テストに出る！ ココが要点　解答 p.15

① 電流がつくる磁界

教 p.274～p.277

1 電流がつくる磁界（じかい）

(1)　(①　　　　　　)　磁石の，引き合ったり反発し合ったりする力。

(2)　(②　　　　　　)　磁力（じりょく）がはたらく空間。

(3)　(③　　　　　　)　磁界のようすを表した線。

図１

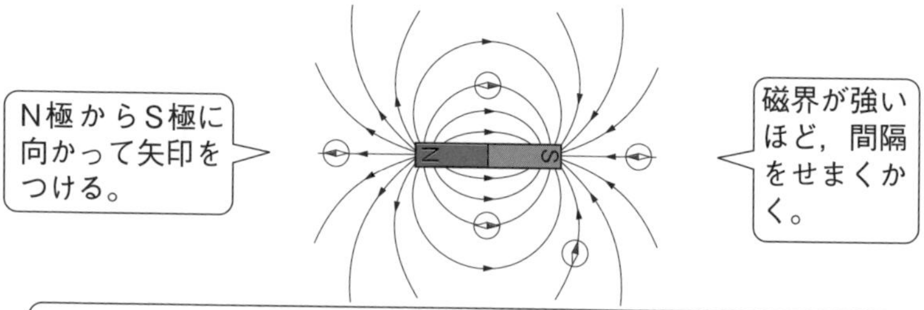

N極からS極に向かって矢印をつける。
N
S
磁界が強いほど，間隔をせまくかく。

磁針の(㋐　　　　)極が指す向きを(㋑　　　　)の向きという。

(4)　コイルのまわりの磁界

図２

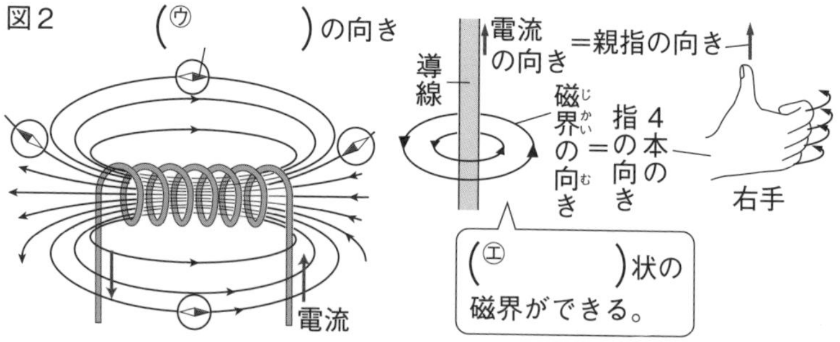

(㋒　　　　)の向き
電流
導線
電流の向き＝親指の向き
磁界の向き＝指４本の向き
右手
(㋓　　　　)状の磁界ができる。

② モーターのしくみ

教 p.278～p.281

1 電流が磁界から受ける力

(1)　磁界から電流が受ける力　磁界の中に入れたコイルや導線に電流を流すと，コイルや導線は力を受ける。

図３

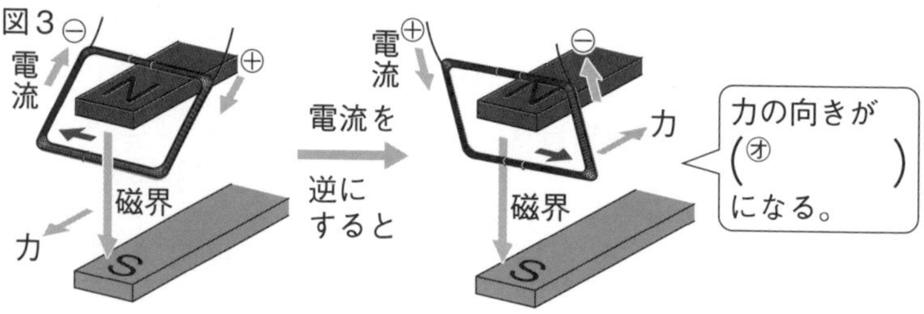

⊖
⊕
電流
N
磁界
力
S
電流を逆にすると
力の向きが(㋔　　　　)になる。

満点ミッション

①**磁力**
磁石にほかの磁石を近づけると，引き合ったり反発し合ったりするような力。

②**磁界（磁場（じば））**
磁力がはたらく空間。

③**磁力線（じりょくせん）**
磁針のN極の指す向きをつないだ線。磁針のN極が指す向きを磁界の向きという。

ポイント
右手の親指を電流の向きとすると，ほかの４本の指が磁界の向きを示す。

ポイント
力の向きは，電流の向きと磁界の向きによって決まる。

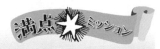

2 モーターのしくみ

(1) （④　　　　　　　）　磁界の中でコイルに電流を流すと，コイルが力を受けることを利用して<u>回転</u>するもの。

図4

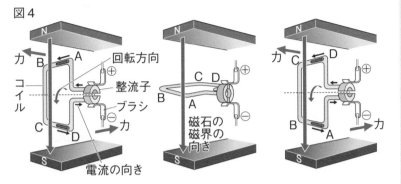

電流の向き

3 発電機のしくみ

教 p.282〜p.285

1 発電機

(1) （⑤　　　　　　　）　コイルの内部の<u>磁界</u>が変化すると，その変化にともなって，電圧が生じ，コイルに<u>電流</u>が流れる現象。

図5

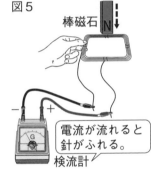

棒磁石

電流が流れると
針がふれる。

検流計

(2) （⑥　　　　　　　）　電磁誘導で流れる電流。コイルの巻数が<u>多い</u>ほど，磁界の変化が<u>大きい</u>ほど，流れる電流は大きくなる。

(3) 発電機　<u>電磁誘導</u>を利用して電流をつくり出しているもの。

4 直流と交流

教 p.286〜p.289

1 直流と交流

(1) （⑦　　　　　　　）　一定の向きに流れる電流。　例<u>乾電池</u>

(2) （⑧　　　　　　　）　＋極と－極が絶えず入れかわり，向きが変化する電流。

● （⑨　　　　　　　）…交流の，1秒あたりの波のくり返しの数。単位は<u>ヘルツ</u>（記号（⑩　　　　　　　））。

図6

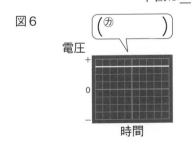

（カ　　　　　）

電圧

時間

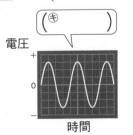

（キ　　　　　）

電圧

時間

満点 ★ ミッション

④<u>モーター</u>
磁界の中のコイルに電流を流したとき，コイルが力を受けて回転する。半回転したところで，整流子を使って電流の向きを変え，コイルが同じ向きに連続して回転するようにしたもの。

⑤<u>電磁誘導</u>
コイルの中で磁界を変化させたときに電流が流れる現象。

⑥<u>誘導電流</u>
コイルの中で磁界を変化させたときに流れる電流。

⑦<u>直流</u>
図6の㋕。乾電池などの電流のように，一定の向きに流れる電流。

⑧<u>交流</u>
図6の㋖。家庭用のコンセントに供給されている電流。向きが周期的に変化する。

⑨<u>周波数</u>
交流の1秒あたりの波のくり返しの数。

⑩<u>Hz</u>
周波数の単位の記号。

テストに出る！

予想問題 第3章　電流と磁界

⏱ 30分

/100点

1 右の図1は，磁石のまわりの磁力線を表している。これについて，次の問いに答えなさい。

3点×10〔30点〕

(1) 磁石の力を何というか。　　　　　（　　　　　　　　）

(2) 磁石の力がはたらく空間を何というか。（　　　　　　　）

(3) (2)に置いた磁針のN極が指す向きを何というか。

（　　　　　　　　　）

(4) 図1で，㋐〜㋓の位置に磁針を置いたとき，N極はどの向きを指すか。図2のa〜hからそれぞれ選びなさい。

㋐（　　　）　㋑（　　　）　㋒（　　　）　㋓（　　　）

(5) 磁力線の㋐，㋓の部分につける矢印として正しいのは，→と←のどちらか。それぞれ正しいほうを選びなさい。

㋐（　　　）　㋓（　　　）

(6) (2)が強いところでは，磁力線の間隔が広くなるか，せまくなるか。　（　　　　　　　）

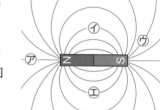

図1

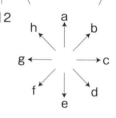

図2

👁よく出る **2** 導線やコイルを流れる電流がつくる磁界について，次の問いに答えなさい。

3点×9〔27点〕

(1) 次の文の①，②にあてはまる言葉を書きなさい。

①（　　　　　　　）　②（　　　　　　　）

> 図1で，導線に電流を流すと，㋐，㋑のうち，
> （　①　）の向きに（　②　）状の磁界ができる。

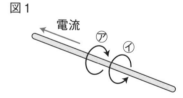

図1

電流

(2) 図2の㋐〜㋔の位置に磁針を置いたとき，N極はどの向きを指すか。下のa〜dからそれぞれ選びなさい。

㋐（　　　）　㋑（　　　）　㋒（　　　）

㋓（　　　）　㋔（　　　）

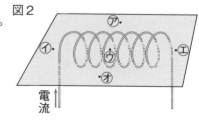

図2

電流

a　N極　b　c　d

📝記述 (3) コイルがつくる磁界の向きを反対にする方法を，1つ書きなさい。

（　　　　　　　　　　　　　　　　　　　　　　　　　　　　）

📝記述 (4) コイルがつくる磁界を強くする方法を，1つ書きなさい。

（　　　　　　　　　　　　　　　　　　　　　　　　　　　　）

3 下の図1のように，磁界の中で導線に電流を流したところ，導線が㋐の方向に動いた。電流の向きや磁石の向きを図2〜4のように変えると，導線はそれぞれ㋐，㋑のどちらに動くか。 4点×3〔12点〕

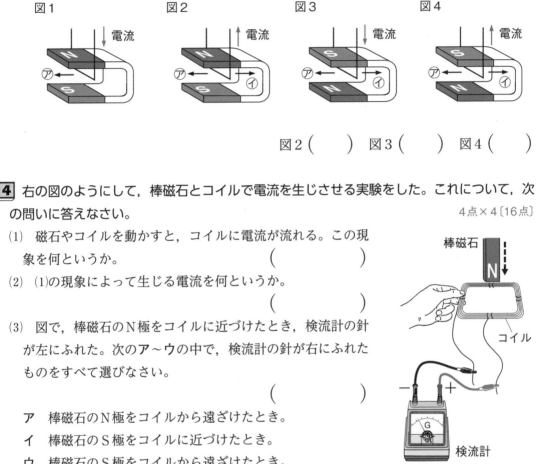

図2（　　）　図3（　　）　図4（　　）

4 右の図のようにして，棒磁石とコイルで電流を生じさせる実験をした。これについて，次の問いに答えなさい。 4点×4〔16点〕

(1) 磁石やコイルを動かすと，コイルに電流が流れる。この現象を何というか。（　　　　　）

(2) (1)の現象によって生じる電流を何というか。（　　　　　）

(3) 図で，棒磁石のN極をコイルに近づけたとき，検流計の針が左にふれた。次の**ア〜ウ**の中で，検流計の針が右にふれたものをすべて選びなさい。（　　　　　）

ア 棒磁石のN極をコイルから遠ざけたとき。
イ 棒磁石のS極をコイルに近づけたとき。
ウ 棒磁石のS極をコイルから遠ざけたとき。

(4) 流れる電流をより大きくする方法を，次の**ア〜オ**からすべて選びなさい。（　　　　　）

ア 磁石を動かさない。　　**イ** 磁石をゆっくり動かす。　　**ウ** 磁石を速く動かす。
エ コイルの巻数を多くする。　　**オ** コイルの巻数を少なくする。

5 電流について，次の問いに答えなさい。 3点×5〔15点〕

(1) 向きが一定である電流を何というか。（　　　　　）

(2) 向きが周期的に変化する電流を何というか。（　　　　　）

(3) 1秒あたりの(2)の周期的な変化のくり返しの数を何というか。また，その単位は何か。
くり返しの数（　　　　　）　単位（　　　　　）

(4) (2)の電流を発光ダイオードに流したとき，発光ダイオードはどのように光るか。次の**ア〜ウ**から選びなさい。（　　）

ア 点灯したままになる。　　**イ** 点滅する。　　**ウ** 点灯しない。

解答 p.16

巻末特集　教科書で学習した内容の問題を解きましょう。

1 電流と電圧の関係 [教] p.262
抵抗の大きさが分からない電熱線Aと，60Ωの電熱線Bをつなぎ，右の図のような回路をつくった。この回路に12.0Vの電圧を加えたところ，電流計㋑は0.4Aを示した。次の問いに答えなさい。

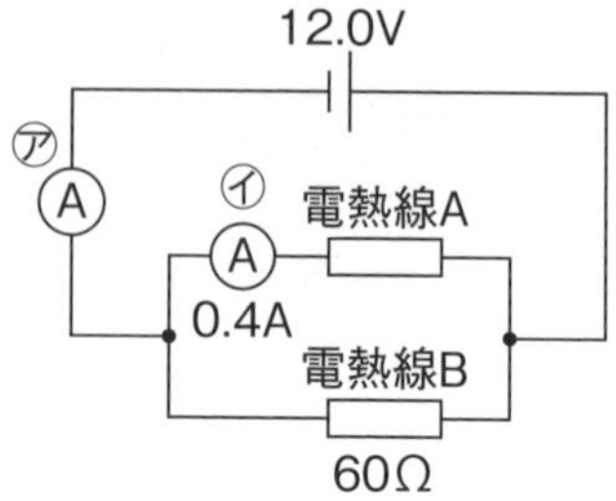

(1) 電熱線Aの電気抵抗は何Ωか。　(　　　　　)

(2) 電流計㋐は，何Aを示すか。　(　　　　　)

(3) この回路全体の電気抵抗は何Ωか。　(　　　　　)

(4) 電熱線Aと電熱線Bの電力の比を求めなさい。

A：B＝(　　　：　　　)

2 化学変化と物質の質量 [教] p.64
下の実験について，あとの問いに答えなさい。

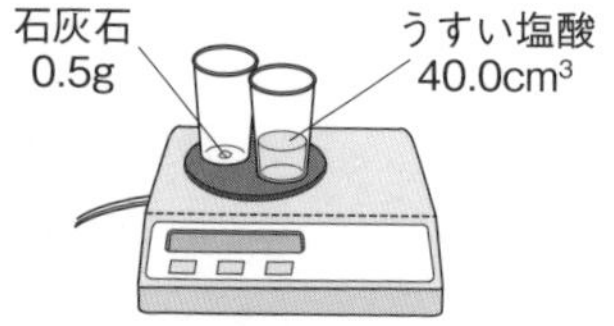

❶石灰石0.5gとうすい塩酸40.0cm³を別々のふたのない容器に入れ，電子てんびんで全体の質量をはかった。

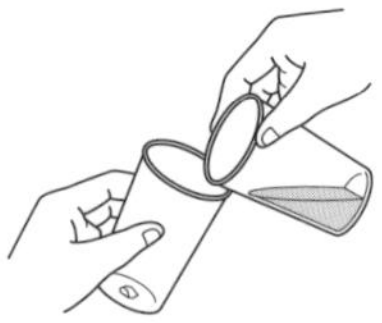

❷石灰石の入った容器に，うすい塩酸をすべて入れて混ぜ合わせると，気体が発生した。

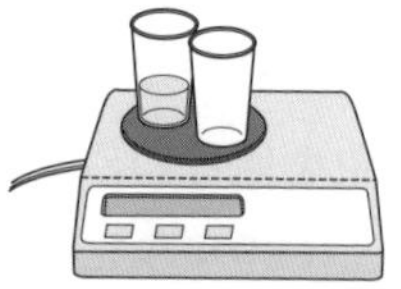

❸気体が発生しなくなってから，反応後のようすを観察し，再び質量をはかった。

石灰石(せっかいせき)の質量を1.0g，1.5g，2.0g，2.5g，3.0gに変え，❶～❸の操作を行ったところ，石灰石2.5g，3.0gのときに，容器に石灰石の一部が残った。下の表は，それらの結果をまとめたものである。

石灰石の質量〔g〕		0.5	1.0	1.5	2.0	2.5	3.0
全体の質量〔g〕	反応前	51.5	52.0	52.5	53.0	53.5	54.0
	反応後	51.3	51.6	51.9	52.2	52.7	53.2

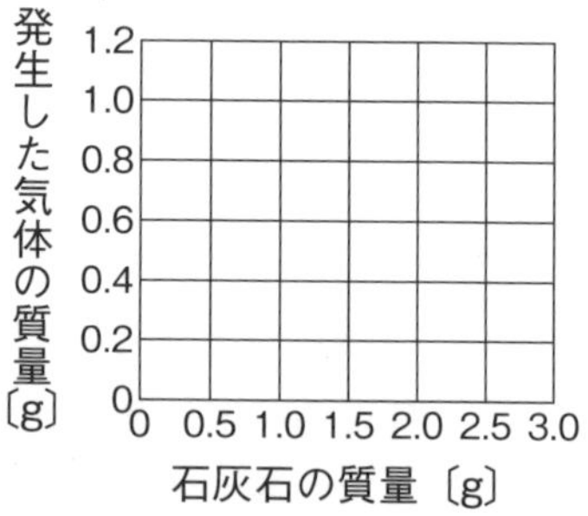

この実験で，石灰石の質量と発生した気体の質量との関係を，右のグラフに表しなさい。

3 記述問題 [教] p.156，190，268
次の問いに答えなさい。

(1) 反射は，ヒトをはじめ多くの動物に備わっている反応である。この反応は，からだのはたらきを調節する以外に，動物が生きていく上で，どのようなことに役立っているか。

(　　　　　　　　　　　　　　　　　　　　)

(2) 乾湿計は，晴れた日には乾球と湿球の差が大きいのはなぜか。

(　　　　　　　　　　　　　　　　　　　　)

(3) 家庭では，1個のテーブルタップに，たくさんの電気器具を接続して同時に使うと危険である。その理由を「並列」，「電流」の語を用いて説明しなさい。

(　　　　　　　　　　　　　　　　　　　　)

中間・期末の攻略本
解答と解説

取りはずして使えます!

東京書籍版　理科2年

単元1　化学変化と原子・分子

第1章　物質のなり立ち

p.2～p.3　ココが要点

①炭酸ナトリウム
㋐水　㋑二酸化炭素　㋒炭酸ナトリウム
②銀　③酸素　④化学変化　⑤分解
⑥熱分解　⑦電気分解　⑧水素
㋓水素　㋔酸素
⑨原子　⑩元素　⑪元素記号　⑫(元素の)周期表
⑬分子　⑭化学式　⑮単体　⑯化合物
㋕混合物　㋖単体　㋗化合物

p.4～p.5　予想問題

[1] (1)発生した液体が加熱部分に流れ，試験管が割れるのを防ぐため。
(2)ウ　(3)白くにごる。
(4)青色から桃色　(5)イ　(6)イ
(7)炭酸ナトリウム，二酸化炭素，水

[2] (1)線香が炎を出して激しく燃える。
(2)黒色から白色　(3)銀色に光る。
(4)板のようにうすく広がる。
(5)銀，酸素

[3] (1)電流が流れるようにするため。
(2)A　(3)B
(4)ポンと音を立てて気体が燃える。
(5)①水　②水素

[4] (1)①酸素　②炭素　③マグネシウム
④Cl　⑤S　⑥Cu
(2)① H_2　② Ag　③ H_2O　④ NaCl
(3)①イ，エ，カ，ク
②ア，オ，キ，ケ　③ウ
(4)ア，イ，オ，カ，ク

[解説]

[1] (3) [ミス注意!] 気体を集めるとき，はじめに出てくる気体は，試験管Aに入っていた空気をふくむので，使用しない。
(4)塩化コバルト紙は，発生した液体が水かどうかを調べるために用いられる。
(6)フェノールフタレイン溶液は，アルカリ性の水溶液に加えると赤色になる。強いアルカリ性の水溶液ではこい赤色になる。
(7) [ポイント] 炭酸水素ナトリウム
⟶炭酸ナトリウム＋二酸化炭素＋水

[2] (1)試験管Bには，酸素が集められる。酸素にはものを燃やすはたらきがある。
(3)(4)銀はこれらの金属特有の性質をもつが，酸化銀はこれらの性質をもたない。

[3] (1)純粋な水は電気を通しにくいので，水酸化ナトリウムなどをとかす。
(2) [ポイント] 電源装置の－極に接続されている方(A)が陰極で，＋極に接続されている方(B)が陽極である。
(3)(4) [ミス注意!] 陰極で水素が，陽極で酸素が体積比2:1で発生する。

[4] (3)単体も，化合物も純粋な物質である。食塩水のように，純粋な物質が複数混ざったものが，混合物である。
(4)キ…二酸化炭素分子は酸素原子２個と炭素原子１個が結びついている。酸素原子１個と水素原子２個が結びついたものは，水分子である。

第2章　物質どうしの化学変化

p.6～p.7　ココが要点

①化合物　②硫化鉄
㋐引き寄せられる　㋑ない
③硫化銅　④水
㋒水
⑤二酸化炭素　⑥化学反応式
㋓S　㋔FeS　㋕O_2　㋖CO_2
㋗化学式　㋘1　㋙1
㋚$2H_2$　㋛O_2　㋜$2H_2O$
⑦$2H_2O$　⑧$2H_2$　⑨Na_2CO_3　⑩H_2O
⑪$2Ag_2O$　⑫4Ag　⑬O_2

p.8～p.9　予想問題

[1] (1)(熱や光が出て,)そのまま化学変化が続く。
(2)硫化鉄　(3)B
(4)ある。　(5)ない。
(6)$Fe + S \longrightarrow FeS$

[2] (1)二酸化炭素
(2)① ⓄⓄ　② ⓄⒸⓄ
(3)$C + O_2 \longrightarrow CO_2$

[3] (1)水
(2)水素…H_2　酸素…O_2
(3)化学反応式
(4)$2H_2 + O_2 \longrightarrow 2H_2O$

[4] (1)①水素　②Cl_2　③水
④CO_2　⑤Ag　⑥NaCl
(2)ウ
(3)$2Ag_2O \longrightarrow 4Ag + O_2$

[5] (1)CO_2
(2)㋑炭酸水素ナトリウム分子が2個あること。
㋒水素原子が2個あること。

解説

[1] (1) [ポイント] 混合物を熱し，化学変化が始まったら加熱をやめる。加熱をやめても熱や光が出て，化学変化は続き，硫化鉄ができる。
(3)(5)試験管Bの物質は，鉄をふくむので磁石に引き寄せられる。また，うすい塩酸を加えると無臭の水素が発生する。
(4)硫化鉄にうすい塩酸を加えると，特有の腐卵臭のある硫化水素が発生する。硫化水素は有毒なので，必ず換気(かんき)をよくし，吸いこまないようにする。

[2] 炭素の原子1個は，酸素の分子1個と結びついて，二酸化炭素の分子1個ができる。化学反応式では，矢印の左側に反応前の物質を，右側に反応後の物質を書く。

[3] (1)水素＋酸素──→水　という化学変化が起こる。
(2)水素分子は，水素原子が2個結びついてできている。酸素分子は，酸素原子が2個結びついてできている。
(4) [ポイント] 原子の数を合わせるときは，分子の数(係数)をふやすようにする。
物質を化学式で表す。($H_2 + O_2 \longrightarrow H_2O$)
矢印の左右で酸素原子の数が異なるので，右側に水分子を1個ふやす。($H_2 + O_2 \longrightarrow 2H_2O$)
矢印の左右で水素原子の数が異なるので，左側に水素分子を1個ふやす。
($2H_2 + O_2 \longrightarrow 2H_2O$)

[4] (1)銀や塩化ナトリウムは分子をつくらない物質であるため，それぞれの物質を化学式で表すとき，銀は銀原子1個，塩化ナトリウムはナトリウム原子1個と塩素原子1個で代表させる。
(2) [ミス注意!] 酸化銀は分子をつくらない物質であるため，化学式で表すときは，酸素原子1個と銀原子2個の組で代表させる。
(3)化学反応式をつくるとき，化学式が正しいかどうか確かめるために，式の左右で原子の種類や数が等しいかどうかを確認(かくにん)する。

[5] (1)化学式とは，物質を元素記号で表したものである。炭酸水素ナトリウムを熱すると，炭酸ナトリウムと二酸化炭素と水に分解できたことから，㋐には二酸化炭素の化学式が入る。
(2) [ミス注意!] ㋑は$NaHCO_3$が2個であることを表している。㋒はHが2個であることを表す。H_2OのO(酸素原子)は1個なので，数字を書かない。

第３章　酸素がかかわる化学変化

p.10～p.11　ココが要点

①酸素
㋐大きくなる　㋑上昇　㋒酸素　㋓にくい
㋔にくい
②酸化　③酸化物　④燃焼　⑤酸化銅
㋕2CuO
⑥酸化マグネシウム
㋖2MgO
⑦二酸化炭素
㋗CO_2
⑧水
㋘$2H_2O$
⑨炭素　⑩銅
㋙黒　㋚白　㋛二酸化炭素
⑪還元
㋜還元　㋝酸化
⑫水素

p.12～p.13　予想問題

1 (1)ふえる。(大きくなる。)　(2)ア
(3)スチールウールが燃えたときに酸素が使われたから。
(4)酸素　(5)酸化物　(6)イ
(7)イ　(8)酸化鉄
(9)銅…$2Cu + O_2 \longrightarrow 2CuO$
マグネシウム…$2Mg + O_2 \longrightarrow 2MgO$

2 (1)燃焼
(2)$C + O_2 \longrightarrow CO_2$
(3)$2H_2 + O_2 \longrightarrow 2H_2O$
(4)二酸化炭素，水　(5)有機物
(6)①黒　②酸化銅　③酸素　④酸化

3 (1)黒色から赤色　(2)銅
(3)白くにごった。　(4)二酸化炭素
(5)炭素
(6)銅が空気にふれて酸化してしまうのを防ぐため。
(7)$2CuO + C \longrightarrow 2Cu + CO_2$
(8)C…還元　D…酸化
(9)水

解説

1 (1)スチールウール（鉄）を熱すると，空気中の酸素と結びつき，質量が大きくなる。
(2)(3)スチールウールが燃えるときには酸素が使われるため，集気びんの中の気体の体積が減り，その分だけバットの水が集気びんに入ってくるので，集気びんの中の水面が上昇する。
(4)(5)酸素と結びつくことを酸化といい，酸化によってできた物質を酸化物という。
(6)～(8) [ポイント] スチールウールは弾力があり，電流が流れやすく，磁石によくつく。また，うすい塩酸に入れると無色の気体（水素）を出す。しかし，酸化鉄は弾力がなく，電流も流れないなど，鉄とはちがう性質をもつことから，鉄と酸化鉄は別の物質であることがわかる。
(9)マグネシウムの燃焼を式で表すと，
マグネシウム＋酸素⟶酸化マグネシウム
となる。

2 (2)炭素＋酸素⟶二酸化炭素
(3)水素＋酸素⟶水
(4) [ポイント] エタノールには炭素と水素がふくまれている。炭素が燃焼すると(2)より二酸化炭素ができ，水素が燃焼すると(3)より水ができる。
(5)有機物には，炭素（C）や水素（H）がふくまれているので，燃焼させると二酸化炭素と水ができる。
(6)①②加熱により，銅が空気中の酸素と結びついて，黒色の酸化銅ができる。
③④ [参考] 物質は加熱しなくても空気中の酸素と結びついておだやかに酸化され，酸化物になる。金属のさびも，空気中の酸素によって酸化した酸化物である。さびた金属は本来の性質を失うため，酸素とふれないように表面に塗装（とそう）をするなどして酸化を防いでいる。

3 (1)銅は赤色の物質で，こすると金属光沢を生じる。酸化銅は，炭素のほかに水素，エタノール，砂糖などによっても還元することができる。
(6) [ミス注意!] 加熱中にゴム管を閉じてはいけない。また，石灰水が逆流して試験管が割れることを防ぐため，火を消す前に石灰水からガラス管をぬいておく。
(8) [ポイント] 酸化銅は還元されて銅に，炭素は酸化されて二酸化炭素になる。このように，１つの化学変化の中で酸化と還元が同時に起こる。
(9)$CuO + H_2 \longrightarrow Cu + H_2O$

第４章　化学変化と物質の質量
第５章　化学変化とその利用

p.14～p.15　ココが要点

①質量保存の法則　②硫酸バリウム

㋐変わらない　㋑$BaSO_4$

③二酸化炭素

㋒変わらない　㋓小さくなる　㋔CO_2

④酸素

㋕3：2　㋖4：1

⑤発熱反応　⑥吸熱反応

㋗発熱　㋘吸熱

⑦化学エネルギー

p.16～p.17　予想問題

[1]　(1)沈殿…硫酸バリウム　色…白色
(2)変わらない。　(3)質量保存の法則
(4)二酸化炭素　(5)変わらない。
(6)小さくなる。
(7)発生した二酸化炭素が空気中に出ていったから。

[2]　(1)酸化マグネシウム　(2)0.4g
(3)3：2　(4)1.0g　(5)3：5　(6)6 g

[3]　(1)すべての銅の粉末が酸素と結びついたから。
(2)酸化銅　(3)2.5g　(4)0.5g
(5)4：1　(6)酸素　(7)2 g　(8)30g

[4]　(1)ア　(2)発熱反応　(3)酸化　(4)イ
(5)吸熱反応　(6)アンモニア　(7)熱

解説

[1]　(1)うすい硫酸と塩化バリウム水溶液を反応させると，硫酸バリウムの白い沈殿ができる。
($H_2SO_4 + BaCl_2 \longrightarrow 2HCl + BaSO_4$)
(2)(3)図１は沈殿ができる化学変化なので，密閉していない容器でも質量保存の法則は成立する。質量保存の法則は，化学変化だけでなく，物質に起こるすべての変化において成立する。
(4)炭酸水素ナトリウム＋塩酸
⟶塩化ナトリウム＋二酸化炭素＋水
($NaHCO_3 + HCl \longrightarrow NaCl + CO_2 + H_2O$)
(5)～(7) [ポイント] 密閉している容器であれば，発生した二酸化炭素が空気中に出ていかず，質量保存の法則が成り立つ。しかし，容器のふたをあけると二酸化炭素が空気中に出ていき，その分だけ質量が小さくなる。

[2]　(1)マグネシウム＋酸素
⟶酸化マグネシウム
(2)グラフの増加した質量とは，マグネシウムと結びついた酸素の質量のことである。
(3)マグネシウムの質量と，結びついた酸素の質量の比は，一定である。0.6：0.4＝3：2
(4)マグネシウム0.6gと，酸素0.4gが結びつくので，1.0gの酸化マグネシウムができる。
(5)0.6：1.0＝3：5
(6) [ポイント] 0.6gのマグネシウムと0.4gの酸素から1.0gの酸化マグネシウムが得られることから，酸素：酸化マグネシウムは，0.4：1＝2：5となる。15gの酸化マグネシウムを得るためには，求める酸素の質量をxgとすると，2：5＝x：15よりx＝6となり，マグネシウム9 gと酸素6 gを反応させればよいとわかる。

[3]　(1)ある質量の銅と結びつく酸素の質量には限度がある。そのため，すべての銅の粉末が酸素と結びついた後は，加熱し続けても質量が変化しない。
(3)(4) [ミス注意!] グラフより，銅2.0gから2.5gの酸化銅ができていることから，結びついた酸素の質量は，2.5－2.0＝0.5〔g〕
(5)2.0：0.5＝4：1
(6)～(8) [ポイント] 銅と酸素は4：1の比で結びつくことから，24gの銅に結びつく酸素は6 gだとわかる。8－6＝2〔g〕より，余った2 gの酸素は，銅と反応できずにそのまま残る。24gの銅と6 gの酸素は結びついて，30gの酸化銅となる。

[4]　(1)～(3)図１の化学変化は，鉄の酸化で，化学かいろとして利用されている。
(6)アンモニアは特有のにおいがある気体で，非常に水にとけやすい性質がある。直接においをかがないように注意する。
(7) [参考] 図１では，化学変化のときに周囲に熱を出しているため，温度が上がる。一方，図２では，化学変化のときに周囲から熱をうばうため，温度が下がる。

単元2　生物のからだのつくりとはたらき

第１章　生物と細胞
第２章　植物のからだのつくりとはたらき(1)

p.18～p.19　ココが要点

㋐ミジンコ　㋑アメーバ　㋒アオミドロ
①核　②葉緑体　③液胞　④細胞壁　⑤細胞膜
⑥気孔
㋓孔辺細胞
⑦維管束　⑧細胞質
㋔細胞壁　㋕液胞　㋖葉緑体　㋗細胞膜　㋘核
⑨単細胞生物
㋙ミカヅキモ　㋚ゾウリムシ
⑩多細胞生物　⑪組織　⑫器官　⑬個体
⑭光合成
㋛葉緑体
⑮酸素　⑯二酸化炭素　⑰水
㋜青

p.20～p.21　予想問題

[1] (1)㋐接眼レンズ　㋑対物レンズ
　㋒調節ねじ　㋓反射鏡
(2)ウ→イ→エ→ア
(3)㋓　(4)㋓

[2] (1)B　(2)細胞壁，液胞，葉緑体
(3)細胞質
(4)①㋔　②㋓，㋕　③㋑　④㋐
(5)酢酸オルセイン（酢酸カーミン）

[3] (1)単細胞生物　(2)多細胞生物
(3)組織　(4)器官　(5)個体

[4] (1)エタノールは引火しやすいため。
(2)葉緑体
(3)光合成は葉緑体で行われている。

[5] (1)葉が入っていない。
(2)対照実験　(3)二酸化炭素　(4)A
(5)光合成が行われて，二酸化炭素が葉に吸収されたから。

解説

[1] (2)顕微鏡のピントを合わせるときは，対物レンズとプレパラートの距離を遠ざける。これは，対物レンズをプレパラートにぶつけないようにするためである。
(3)反射鏡を動かして視野全体が明るく見えるようにする。
(4) [ポイント] 顕微鏡の視野は，上下左右が逆に見える。このため，動かしたい方向と逆向きにプレパラートを動かす。

[2] (1)(2)Aには細胞壁，液胞，葉緑体が見られるが，Bには見られない。このことから，Aが植物の細胞，Bが動物の細胞だとわかる。核と細胞膜は植物の細胞と動物の細胞の両方に見られる。
(3)(4)㋓，㋕は核である。核と細胞壁以外の部分をまとめて細胞質という。㋐は液胞，細胞膜の外側にある㋔は細胞壁である。㋑は葉緑体で，緑色をしている。
(5) [ポイント] 酢酸カーミンや酢酸オルセインのような染色液を使うと，核が赤く染まり，観察しやすくなる。

[3] (1)(2)からだが１つの細胞だけからなる生物を単細胞生物といい，複数の細胞からなる生物を多細胞生物という。
(3)～(5) [ミス注意!] 多細胞生物の個体は，いろいろな器官が集まってはたらいている。器官は，いくつかの組織が集まってできていて，特定のはたらきをしている。組織は，形やはたらきが同じ細胞が集まってできている。細胞は，形や大きさはちがうが，生物のからだを構成する基本単位である。

[4] (1)エタノールは引火しやすいので，直接火で加熱したり，火を近づけたりしてはいけない。
[参考] エタノールにひたすと，葉の緑色が脱色されて，ヨウ素液の反応が見やすくなる。
(2)粒の部分である葉緑体に，デンプンができていた。
(3)植物が光を受けてデンプンなどをつくるはたらきが光合成である。

[5] (1)(2)Aに対してCのように，影響を知りたい条件以外をすべて同じにして行う実験を，対照実験という。これによって，AとCの実験結果のちがいが，葉によるものだと確認できる。
(4)(5)光を当てたAでは，葉が光合成を行ったため，二酸化炭素を吸収した。このため，Aでは石灰水が白くにごらなかった。

第2章　植物のからだのつくりとはたらき(2)

p.22～p.23　ココが要点

①呼吸　②光合成

㋐呼吸　㋑光合成　㋒呼吸

③吸水　④蒸散　⑤気孔　⑥根毛

㋓根毛

⑦道管　⑧師管

㋔師管　㋕道管　㋖維管束　㋗道管　㋘師管

⑨葉緑体　⑩単子葉類　⑪双子葉類

㋙道管

p.24～p.25　予想問題

[1] (1)記号…㋑

石灰水の変化…白くにごった。

(2)二酸化炭素

(3)光の当たらないところでは，呼吸だけを行うこと。

[2] (1)㋐　(2)X…呼吸　Y…光合成

(3)イ

[3] (1)A…ア　B…ウ　C…イ　D…エ

(2)気孔からの水の出入りを防ぐため。

(3)A→C→B→D　(4)イ

[4] (1)㋑，㋒，㋕　(2)道管

(3)㋐，㋓，㋔　(4)師管

(5)維管束　(6)根毛

(7)根の表面積が広くなるから。

解説

[1] (1)(2)二酸化炭素には，石灰水を白くにごらせる性質がある。

(3)植物も，動物と同じように呼吸を行い，酸素をとり入れて二酸化炭素を出している。光が当たっていた㋐では，光合成が行われ，二酸化炭素は使われているので，石灰水は白くにごらない。㋒は石灰水の変化がコマツナによるものであることを確かめる対照実験である。

[2] (1)植物は，夜は呼吸だけを行い，昼は呼吸と光合成を行う。

(2)酸素を吸収し，二酸化炭素を放出するはたらきは呼吸である。二酸化炭素を吸収し，酸素を放出するはたらきは光合成である。

(3) ポイント 呼吸と光合成が行われる昼では，呼吸で放出する二酸化炭素よりも光合成で吸収する二酸化炭素の方が多くなるので，全体として二酸化炭素は放出されず，酸素を放出しているように見える。

[3] (1)(2)ワセリンはクリーム状の油で，葉の表面にぬると，気孔がふさがれて，その部分では蒸散が起こらなくなる。

(3)(4)ふつう，気孔は，植物の葉の表側よりも裏側に多くある。このため，葉の表側よりも裏側からの蒸散量が多くなる。また，ワセリンをぬらないものが最も吸水量が多い。

[4] (1)～(4)茎では，道管が中心部に近い方に，師管が周辺部に近い方に集まっている。根の道管は，中心部に集まっている。

(5)道管と師管の集まりが維管束である。維管束は，根，茎，葉とつながっている。

(7)根毛はとても細いので，土の細かいすきまに入りこみ，土と接する表面積を広げる。そのため，多くの水や肥料分をとりこむことができる。

第3章　動物のからだのつくりとはたらき(1)

p.26〜p.27　ココが要点

①消化　②消化酵素　③消化液　④アミラーゼ
⑤麦芽糖　⑥ペプシン　⑦消化管
㋐アミラーゼ　㋑ペプシン　㋒ブドウ糖
㋓アミノ酸　㋔モノグリセリド
⑧吸収　⑨柔毛
㋕毛細血管　㋖リンパ管
⑩肺呼吸　⑪気管　⑫肺胞
㋗気管　㋘気管支　㋙肺胞
⑬動脈血　⑭静脈血　⑮細胞による呼吸

p.28〜p.29　予想問題

[1] (1)記号…㋐　色…青紫色
(2)記号…㋒　変化…赤褐色の沈殿ができる。
(3)だ液はデンプンを麦芽糖などに分解するということ。

[2] (1)㋐だ液　㋑胃液　㋓すい液
(2)消化酵素
(3)㋐アミラーゼ　㋑ペプシン
(4)肝臓
(5)脂肪酸，モノグリセリド
(6)B…アミノ酸　C…ブドウ糖

[3] (1)小腸　(2)柔毛
(3)①毛細血管　②肝臓　③リンパ管

[4] (1)㋐気管　㋑気管支　(2)肺胞
(3)表面積が大きくなり，酸素と二酸化炭素を効率よく交換できる。
(4)毛細血管　(5)二酸化炭素　(6)酸素
(7)酸素　(8)二酸化炭素
(9)細胞による呼吸
(10)静脈血　(11)動脈血
(12)C…エ　D…ウ

解説

[1] (1)(2) [ポイント] デンプンが分解されずに残っていると，ヨウ素液を加えたときに青紫色に変化する。デンプンがだ液によって分解され，麦芽糖などが存在していると，ベネジクト液を加えて加熱したときに，赤褐色の沈殿ができる。

[2] (1)㋒は胆汁，㋔は小腸のかべに存在する消化液を表している。
(3) [参考] すい液にはトリプシンやリパーゼという消化酵素がふくまれている。トリプシンはタンパク質を分解し，リパーゼは脂肪を分解する。
(4)胆汁には消化酵素はふくまれていないが。脂肪の分解を助けるはたらきがある。

[3] (1)小腸のかべの断面図である。
(3)毛細血管から吸収されたブドウ糖やアミノ酸は，肝臓へ送られて，一部が一時的にたくわえられ，必要に応じて全身の細胞に運ばれる。脂肪酸とモノグリセリドは，柔毛から吸収され，再び脂肪になってリンパ管に入る。

[4] (1)気管支は，気管の先が枝分かれしたものである。
(2)気管支の先端についているうすい膜のふくろを肺胞という。
(4)〜(6) [ポイント] 吸いこまれた空気中の酸素の一部は肺胞のまわりの毛細血管からとりこまれ，血液によって運ばれてきた二酸化炭素が毛細血管から肺胞にわたされる。
(7)(8)細胞でも酸素をとりこみ，二酸化炭素を放出している。
(9)細胞では，酸素を使って養分からエネルギーをとり出している。このとき二酸化炭素や水ができる。これを細胞による呼吸という。
(10)〜(12)酸素を多くふくみ，二酸化炭素の少ない血液を動脈血，二酸化炭素を多くふくみ，酸素の少ない血液を静脈血という。肺で静脈血は動脈血に変わる。

第３章　動物のからだのつくりとはたらき(2)
第４章　刺激と反応

p.30～p.31　ココが要点

①動脈　②静脈　③毛細血管
④体循環　⑤肺循環
㋐肺動脈　㋑肺静脈
⑥赤血球　⑦白血球(はっけっきゅう)　⑧血しょう　⑨組織液
⑩尿
㋒じん臓　㋓ぼうこう
⑪感覚器官　⑫感覚神経　⑬中枢神経
⑭末しょう神経　⑮運動神経　⑯反射
⑰関節　⑱けん
㋔けん　㋕関節

p.32～p.33　予想問題

[1] (1)A…右心房(うしんぼう)　B…右心室(うしんしつ)
C…左心房(さしんぼう)　D…左心室(さしんしつ)
(2)D　(3)血しょう　(4)組織液
(5)①記号…㋑　名称…白血球
②記号…㋓　名称…血小板
③記号…㋒　名称…赤血球
(6)ヘモグロビン

[2] (1)体循環　(2)静脈　(3)心房
(4)㋐，㋒　(5)㋓　(6)①㋑　②㋖　③㋘

[3] (1)A…光　B…音
(2)①㋒　②㋕　③㋔　(3)ウ

[4] (1)A…脳　B…せきずい　(2)中枢神経
(3)㋒感覚神経　㋔運動神経
(4)末しょう神経　(5)㋒→㋑→㋐→㋔
(6)反射　(7)㋒→㋓→㋔　(8)ア，イ，エ

解説

[1] (1)ヒトの心臓は４つの部屋に分かれていて，順に規則正しく収縮して全身に血液を送り出している。
(2)全身に血液を送り出している左心室は，右心室より筋肉のかべが厚くなっている。
(3)(4)毛細血管からしみ出した血しょうは組織液となり，細胞のまわりを満たしている。血液中の酸素や養分は，組織液を通して細胞にとり入れられる。細胞でできた二酸化炭素や不要な物質は，組織液にとけてから，血液にとりこまれる。
(5)㋑～㋓は，血液中の固形の成分である。
(6) [ポイント] 赤血球にふくまれるヘモグロビンは，酸素の多いところでは酸素と結びつき，酸素の少ないところでは酸素をはなす性質をもつ。そのため，赤血球は全身の細胞に酸素を運ぶ役割を果たすことができる。

[2] (1) [ポイント] 体循環は，心臓→動脈→全身の細胞→静脈→心臓という経路。肺循環は，心臓→肺動脈→肺→肺静脈→心臓という経路である。
(2)静脈（㋑，㋒）は，心臓にもどってくる血液が流れる血管のことをいう。かべは動脈よりもうすく，血液の逆流を防ぐ弁がところどころにある。
(3)全身や肺から戻ってきた血液は心房に流れこむ。血液は心房から心室に移動し，肺や全身に送り出される。
(4) [ミス注意!] 静脈血は二酸化炭素を多くふくむ血液（㋐，㋒を流れる）のことである。また，動脈血は酸素を多くふくむ血液のこと（㋑，㋓を流れる）である。
(5)かべが厚く，血液の圧力にたえられるようになっているのは動脈（㋐，㋓）である。動脈は，心臓から送り出される血液が流れる血管である。
(6)①肺で血液中の二酸化炭素を出し，酸素を血液中にとり入れている。
②小腸で養分が吸収される。
③尿素などの不要な物質はじん臓でとり除かれ，尿としてぼうこうにためられた後，体外に排出される。

[3] (1)感覚器官には，刺激を受けとる細胞がある。
(2)目では，水晶体（㋑）についている筋肉が水晶体のふくらみを調整して，網膜(もうまく)（㋒）上にピントのあった像が結ばれる。耳では，音の振動が鼓膜(こまく)（㋔）を振動させ，耳小骨(じしょうこつ)（㋓），うずまき管（㋕）へと伝えられる。

[4] (5) [ポイント] 感覚器官（皮膚）→感覚神経→せきずい→脳→せきずい→運動神経→運動器官（筋肉）と伝わる。
(7) [ポイント] 反射では，感覚器官（皮膚）→感覚神経→せきずい→運動神経→運動器官（筋肉）と伝わる。
(8) [ミス注意!] 反射とは，刺激に対して意識とは無関係に起こる反応のことである。ウは，手がぬれたことで，オは，寒いことを意識して反応を起こしているので，反射ではない。

単元３　天気とその変化

第１章　気象の観測

p.34～p.35　ココが要点

①気象　②気温　③湿度　④気圧　⑤風向
⑥風速　⑦風力
㋐北西　㋑２　㋒晴れ　㋓快晴　㋔晴れ
㋕くもり
⑧大気圧（気圧）　⑨圧力　⑩等圧線　⑪高気圧
⑫低気圧　⑬上昇気流
㋖高気圧　㋗低気圧　㋘高気圧　㋙低気圧
⑭露点　⑮飽和水蒸気量　⑯霧
㋚6.0　㋛10.3　㋜露点

p.36～p.37　予想問題

1　(1)3　(2)右図
(3)56%
(4)晴れの日
(5)晴れの日

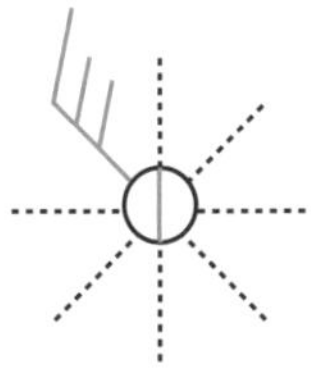

2　(1)ウ　(2)c
(3)①圧力　②大きく

3　(1)1012hPa　(2)A…高気圧　B…低気圧
(3)B　(4)Q点

4　(1)金属は熱を伝えやすいから。
(2)露点　(3)飽和水蒸気量　(4)高い。

5　(1)30g　(2)70%　(3)9 g　(4)16g
(5)10℃　(6)10.2g

解説

1　(1)雲量は，空全体を10としたとき，雲がおおっている割合である。
(2)風向は北西，風力は３，天気は雲量３なので晴れであるとわかる。
(3)湿度は，乾球の示度が14℃，乾球と湿球の示度の差が４℃であることから，表より読みとる。
(4)(5)晴れの日は，午前中に時間とともに気温が上昇し，昼すぎに最高になる。その後気温は下がり，翌日の明け方に最低となる。日中の湿度は低く，気圧は高くなる。くもりや雨の日は，気温の変化が少なく，湿度が高い。また，気圧は低くなることが多い。

2　(1)同じペットボトルを用いるので，スポンジをおす力の大きさは同じである。
(2)(3)圧力は，接する面積が小さいほど大きくなる。このため，面積が最も小さいcの段ボールを置いたときがスポンジのへこみ方が最も大きくなる。

3　(1)等圧線は４hPaごとに引かれている。
(2)等圧線の数値から考える。
(3)低気圧の中心には上昇気流があり，そのために雲ができやすく，天気が悪い。
(4)等圧線の間隔がせまい方が，風が強くふく。

4　(1)金属は熱を伝えやすいので，まわりの空気と水の温度がほぼ同じになる。
(2)空気中の水蒸気が，冷やされたコップの表面で凝結し始める温度が露点である。
(4)飽和水蒸気量は，気温が高いほど大きい。つまり，露点が高いということは，空気中にふくまれている水蒸気の量が多いということである。

5　(1)グラフから読みとる。
(2)　[ポイント]　飽和水蒸気量が30gなので，
$\frac{21〔g〕}{30〔g〕} \times 100 = 70$より，70%
(3)30gまで水蒸気をふくむことができるので，
$30 - 21 = 9$〔g〕
(4)　[ミス注意!]　グラフより，０℃の空気には５gまで水蒸気をふくむことができるので，空気中にふくむことができなかった水蒸気が水滴として現れる。$21 - 5 = 16$〔g〕
(5)飽和水蒸気量が９gの気温を，グラフより読みとる。
(6)飽和水蒸気量が17g，湿度が60%より，
17〔g〕$\times 0.6 = 10.2$〔g〕

第２章　雲のでき方と前線

p.38～p.39　ココが要点

①雲　②水の循環　③気団　④前線面　⑤前線
㋐前線面　㋑前線
⑥寒冷前線　⑦温暖前線
㋒寒　㋓暖　㋔暖　㋕寒
⑧閉そく前線　⑨停滞前線
㋖閉そく　㋗停滞
⑩温帯低気圧　⑪乱層雲　⑫積乱雲
㋘下がっ　㋙北　㋚寒冷

p.40～p.41 予想問題

1 (1)気圧…下がる。　温度…下がる。
(2)ビニルぶくろの中の温度が下がり，露点に達し，水蒸気が水滴となったから。
(3)①上昇　②雲　③雨

2 (1)㋐　(2)ア　(3)前線面　(4)前線

3 (1)等圧線　(2)低気圧　(3)D
(4)イ, エ　(5)B…寒冷前線　C…温暖前線
(6)㋐　(7)閉そく前線

4 (1)㋐　(2)エ　(3)イ
(4)気温が下がり，風向が南寄りから北寄りに変わっているから。
(5)寒冷前線

[解説]

1 (1)容器内の空気をぬくと，気圧が下がる。気圧が下がると，空気が膨張して温度が下がる。
(2)気圧が低くなり，温度が下がると，飽和水蒸気量が小さくなり，水蒸気の一部が水滴になる。そのため，ふくろの中がくもる。このとき，ふくろの中に線香のけむりを入れておくと，凝結するときの核となり，雲ができやすくなる。
(3)空気があたためられたり山の斜面(しゃめん)に沿って上昇したりしたときに雲ができる。雲をつくる水滴や氷の粒が大きくなると雨や雪として落ちてくる。

2 (1)冷たい空気とあたたかい空気は，すぐに混じり合わない。冷たい空気があたたかい空気の下にもぐりこむ。
(2)密度の大きいものは，密度の小さいものの下になる。
(3)(4)この実験は，寒気と暖気がつくる前線面と前線のモデルである。

3 (2) [参考] 日本付近では，上空にふく偏西風とよばれる強い西風の影響で，低気圧や高気圧が西から東へと移動する。問題の低気圧は，日本付近（中緯度帯）で発生し，前線をともなう温帯低気圧であり，西から東に進みながら発達する。温帯低気圧の南東側には温暖前線，南西側には寒冷前線ができる。
(3)Bは寒冷前線を表している。寒冷前線では積乱雲が発達し，前線の後方（D側）のせまい範囲に強い雨が短時間降る。
(4)Cは温暖前線を表している。温暖前線に最も近いところでは乱層雲が発達し，前線の前方の広い範囲に弱い雨が長時間降る。
(7) [参考] 寒冷前線は温暖前線より速く移動するため，やがて温暖前線に追いつき，閉そく前線ができる。

4 (1)(2)気温は朝から昼にかけて上がり，夜間に下がるので，㋐が気温のグラフである。㋑は湿度を表す。気温が上がると，湿度は下がる。
(3)～(5) [ポイント] 13時から14時にかけて，気温の急激な低下があったので，寒冷前線が通過したと考えられる。また，寒冷前線が通過すると，風向は南寄りから北寄りに変化する。

第３章　大気の動きと日本の天気

p.42～p.43 ココが要点

①偏西風
㋐上昇気流　㋑偏西
②季節風　③海陸風
㋒海　㋓陸
④シベリア高気圧　⑤シベリア気団
㋔雪
⑥太平洋高気圧　⑦小笠原気団
⑧移動性高気圧　⑨つゆ（梅雨）　⑩梅雨前線
⑪秋雨前線　⑫台風

p.44～p.45 予想問題

1 (1)ユーラシア大陸　(2)ユーラシア大陸
(3)㋐　(4)太平洋　(5)季節風　(6)陸上
(7)陸上　(8)イ　(9)ア　(10)海陸風

2 (1)シベリア気団　(2)エ　(3)ア，ウ
(4)雪
(5)日本海側で雪を降らせ，空気が水蒸気を失い，乾燥した風となって太平洋側にふくから。

3 (1)春，秋　(2)西から東
(3)ウ　(4)ウ，エ
(5)梅雨前線　(6)秋雨前線
(7)太平洋高気圧　(8)小笠原気団
(9)①西高東低　②冬
(10)シベリア高気圧
(11)ア，イ，エ　(12)偏西風

[解説]

[1] (1)～(3) [ミス注意!] 大陸は海洋と比べて，あたたまりやすく冷めやすい。夏は大陸が海洋よりあたたかくなり，上昇気流が生じて低気圧となる。海洋では下降気流が生じて高気圧となる。そのため，気圧差が生じて，気圧がより高い海洋（太平洋）から低い大陸（ユーラシア大陸）に向かって風がふく。

(4)冬は大陸が海洋より冷たくなるため，大陸の気圧が高くなる。夏と逆の気圧配置となる。

(6)～(8)昼は，陸上で温度が高くなり上昇気流になる。気圧がより高い海から陸に向かって風がふく。

(9)夜は昼と逆のことが起こる。

[2] (1)冬にはシベリア気団が発達し，冷たく乾燥した風がふき出している。

(2)大陸からふく北西の季節風である。

(4)(5)日本海で水蒸気をふくんだ空気は，日本列島にあたり，日本海側に雪を降らせる。水蒸気を失い，冷たく乾燥した風は太平洋側に晴天をもたらす。

[3] (1)～(3) [ポイント] 春や秋は，大陸からの移動性高気圧と低気圧が次々に日本付近を通過する。このとき，高気圧や低気圧は，偏西風の影響で西から東へと移動するので，天気も西から東へと変わる。同じ天気は長く続かない。

(4)～(6)つゆのころや秋雨のころには，冷たくしめったオホーツク海気団と，あたたかくしめった小笠原気団の２つの勢力がつり合って停滞前線ができる。それぞれ，梅雨前線，秋雨前線ともいう。これらの前線は日本列島に大量の雨を降らせる。

(8)夏に勢力が強くなるのは，あたたかくしめった小笠原気団である。このため，夏は高温多湿の晴天になることが多い。

(9) [ポイント] 気圧が西の大陸で高く，東の太平洋で低い西高東低は，典型的な冬型の気圧配置である。

(11)(12)台風とは，熱帯の海上で発生した熱帯低気圧のうち，中心付近の最大風速が約17m/s以上のものをいう。中心付近では強い上昇気流が生じていて，強い風や雨をともなう。北上した台風の進路は，偏西風の影響を受けて東寄りに変わる。

単元４　電気の世界

第１章　静電気と電流

p.46～p.47 ココが要点

①静電気　②帯電

㋐＋（プラス）　㋑－（マイナス）

③放電　④真空放電　⑤陰極線

㋒－　㋓－

⑥電子　⑦電流

㋔電流　㋕電子

⑧放射性物質　⑨放射能

p.48～p.49 予想問題

[1] (1)㋐　(2)㋑

(3)ストローＢ…－　紙ぶくろ…＋

(4)静電気　(5)帯電　(6)イ

[2] (1)イ

(2)下じきにたまっていた静電気が流れ出したから。

(3)放電

[3] (1)－極　(2)できない。　(3)イ

(4)㋑　(5)直進する。　(6)㋐

(7)－の電気　(8)陰極線　(9)電子

[4] (1)放射性物質　(2)Ｘ線

(3)ア，エ，オ

[解説]

[1] (1)同じ種類の電気を帯びた物体どうしには反発し合う力がはたらく。ストローＢも－の電気を帯びているので反発し合う。

(2)異なる種類の電気を帯びた物体どうしには引き合う力がはたらく。紙ぶくろは＋の電気を帯びているので引き合う。

(4)(5)物体どうしがこすれ合うと，物体の表面近くの－の電気がもう一方の物体の表面に移動し，＋や－に帯電する。このようにして生じた電気を静電気という。

[2] (1)(2)摩擦によってためられた電気は，蛍光灯にふれると，放電して蛍光灯が点灯する。しかし，ためられた電気がすべて流れてしまうと，蛍光灯も点灯しなくなる。たまった静電気は一瞬で蛍光灯を流れていくため，蛍光灯が点灯するのも一瞬である。

(3) [参考] いなずまも，放電の１つである。気圧を低くした空間で起こる放電のことを，真空放電という。

[3] (1)かげの位置から，陰極線が電極Ａから電極Ｂに向かって出てきていることがわかる。陰極線は－極から＋極に向かって出ていくので，電極Ａが－極，電極Ｂが＋極である。

(2)電極Ａに＋極，電極Ｂに－極を接続した場合，陰極線が電極Ｂから出てくることになり，図１のようなかげはできない。

(3) [ポイント] 陰極線は－の電気を帯びた電子の流れなので，－極から出て，＋極に向かっていく。

(4)(5)上下方向の電極板に電圧が加わっていないとき，陰極線は㋑のように－極から直進する。

(6)(7)陰極線は－の電気を帯びているので，上下方向の電極板に電圧が加わると＋極の方向に曲がる。図３では，上が電極板の＋極なので，㋐のように曲がる。

[4] (2)1895年，ドイツのレントゲンが発見し，Ｘ線と名づけた。

(3)イ…放射線はふつう目で見ることはできない。ウ…放射性物質は，人工的につくり出したものだけではなく，自然に存在しているものもある。

第２章　電流の性質(1)

p.50～p.51　ココが要点

①回路　②直列回路　③並列回路

㋐直列　㋑並列

④回路図

㋒─┤├─　㋓⊗

⑤電流計　⑥アンペア　⑦ミリアンペア

㋔５Ａ　㋕＝　㋖＝　㋗＋

⑧電圧計　⑨ボルト

㋘300V　㋙＋　㋚＝　㋛＝

p.52～p.53　予想問題

[1] (1)電流計…Ⓐ　電圧計…Ⓥ

(2)電流計…直列につなぐ。

電圧計…並列につなぐ。

(3)電流計…５Ａ　電圧計…300V

(4)電流…300mA

電圧…10.50V

[2] (1)直列回路

(2)右図

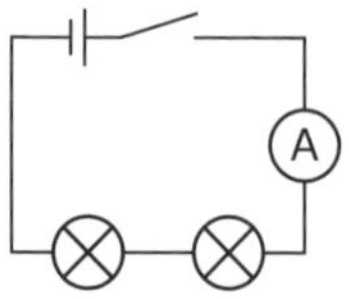

(3)㋐　(4)B

(5)I_2…350mA

I_3…350mA

(6)ア

[3] (1)並列回路

(2)右図

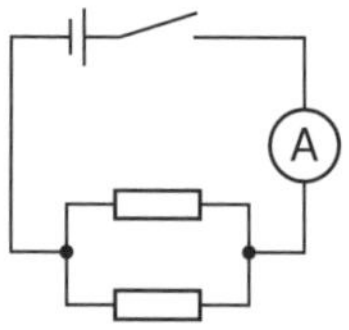

(3)I_3…120mA

I_4…360mA

(4)ウ

[4] (1)等しい。

(2)1.40V　(3)2.90V

(4)ケコ間…2.0V　カサ間…2.0V

[解説]

[1] (3) [ポイント] 電流や電圧の大きさがわからないときは，まず一番大きい－端子につなぎ，ふれが小さければ，より小さい－端子につなぎかえ，値が読みやすいようにする。

(4)電流計は500mAの－端子なので，300mAと読むことができる。電圧計は15Vの－端子なので，上側の目盛りを使って読む。

[2] (1)図のように電流の流れる道筋が１本につながっている回路を直列回路といい，とちゅうで

枝分かれしながらつながっている回路を並列回路という。

(3) [ポイント] 電流は, 電源装置の＋極から出て, －極に入る向きに流れる。

(4) [ミス注意!] 電流計の＋端子は，電源装置の＋極側につなぐ。－端子はまず一番大きい電流がはかれる端子につなぎ, 針のふれ方を確認する。

(5)(6)直列回路では，電流の大きさがどこでも同じなので，$I_1 = I_2 = I_3 = 350$mA　となる。

[3] (3)(4)並列回路では，枝分かれする前の電流の大きさは，枝分かれした後の電流の大きさの合計に等しくなる。I_1が360mA, I_2が240mAより,

$I_3 = 360 - 240 = 120$〔mA〕

$I_4 = I_1 = 360$〔mA〕

[4] (1)抵抗器に加わる電圧と，電源の電圧は等しくなる。

(2)3Ｖの－端子につないでいるので，下側の目盛りを使って読む。

(3)直列回路では，それぞれの抵抗器に加わる電圧の大きさの合計が全体に加わる電圧の大きさに等しくなるので，ウオ間に加わる電圧は，ウエ間とエオ間に加わる電圧の和になる。

1.40 + 1.50 = 2.90〔V〕

(4)並列回路では，各抵抗器に加わる電圧の大きさと，全体に加わる電圧の大きさは等しくなるので，キク間，ケコ間，カサ間に加わる電圧は等しい。

第２章　電流の性質(2)

p.54～p.55 ココが要点

①電気抵抗（抵抗）　②オーム　③Ω

㋐にくい

④オームの法則

㋑抵抗　㋒電圧　㋓電流　㋔抵抗　㋕電流

㋖電流　㋗電圧　㋘抵抗　㋙＋　㋚＋

⑤導体　⑥不導体（絶縁体）　⑦半導体（はんどうたい）

⑧電力　⑨ワット

㋛100　㋜900　㋝大き　㋞大き

⑩熱量　⑪ジュール　⑫電力量　⑬ワット時

p.56～p.57 予想問題

[1] (1)右図

(2)比例の関係

(3)オームの法則

(4)B　(5)B

(6)30Ω

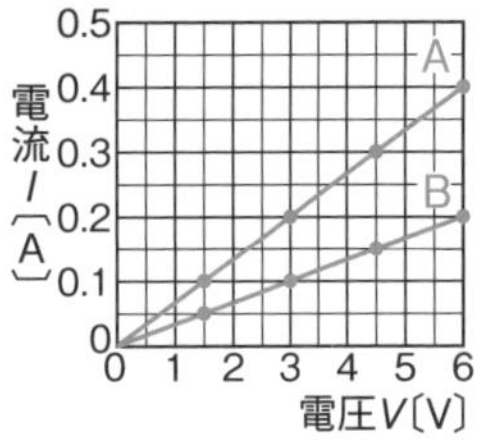

[2] (1)0.4A

(2)3Ｖ

(3)15Ω

[3] (1)0.3A（300mA）　(2)5Ｖ

(3)9Ω

[4] (1)20Ω　(2)0.5A　(3)10.0V

(4)2Ａ　(5)5Ω　(6)0.5A

(7)15Ω　(8)2.5V　(9)5Ω　(10)20Ω

[5] ①3Ω　②2Ａ　③3Ｖ

④7.5V　⑤0.9A　⑥7.5Ω

[解説]

[1] (2)(3) [ポイント] 電熱線を流れる電流の大きさは，電熱線の両端に加わる電圧の大きさに比例する。この法則を，オームの法則という。

(4)(5)同じ電圧を加えたとき，流れる電流の大きさが小さいのは電熱線Ｂである。つまり，電熱線Ｂのほうが，電流が流れにくく，電気抵抗が大きい。

(6) [ポイント] 抵抗 $= \dfrac{電圧}{電流}$，200mA = 0.2Aより,

$\dfrac{6.0〔V〕}{0.2〔A〕} = 30〔Ω〕$

[2] (1)(2)グラフより読みとる。

(3) $\dfrac{6〔V〕}{0.4〔A〕} = 15〔Ω〕$

[3] (1) [ミス注意!] 電流 $= \dfrac{電圧}{抵抗}$より,

$\dfrac{6〔V〕}{20〔Ω〕} = 0.3〔A〕$

(2)500mA = 0.5A，電圧＝抵抗×電流より,

10〔Ω〕× 0.5〔A〕= 5〔V〕

(3)抵抗 $= \dfrac{電圧}{電流}$より，$\dfrac{4.5〔V〕}{0.5〔A〕} = 9〔Ω〕$

[4] (1)抵抗を直列につないだとき，全体の抵抗は２つの抵抗の和になる。10 + 10 = 20〔Ω〕

(2) $\dfrac{10〔V〕}{20〔Ω〕} = 0.5〔A〕$

(3)並列回路なので，電源の電圧とそれぞれの抵抗に加わる電圧は等しい。

(4)Aの抵抗に流れる電流は，

$\frac{10〔V〕}{10〔Ω〕}$ = 1〔A〕 もう一方の抵抗にも同様に1〔A〕の電流が流れるので，㋐を流れる電流は，

1 + 1 = 2〔A〕

(5)回路全体の電圧が10〔V〕，電流が2〔A〕なので，$\frac{10〔V〕}{2〔A〕}$ = 5〔Ω〕

(6) [ポイント] 直列回路では，どこでも電流の大きさが同じである。

(7) $\frac{7.5〔V〕}{0.5〔A〕}$ = 15〔Ω〕

(8) [ポイント] 直列回路では，それぞれの抵抗に加わる電圧の和と電源の電圧が等しい。

10.0 − 7.5 = 2.5〔V〕

(9) $\frac{2.5〔V〕}{0.5〔A〕}$ = 5〔Ω〕

(10) $\frac{10.0〔V〕}{0.5〔A〕}$ = 20〔Ω〕 または，抵抗を直列につないだときは全体の抵抗が2つの抵抗の和になることから，15 + 5 = 20〔Ω〕

5 ① $\frac{4.5〔V〕}{1.5〔A〕}$ = 3〔Ω〕

② $\frac{6〔V〕}{3〔Ω〕}$ = 2〔A〕

③2〔Ω〕× 1.5〔A〕= 3〔V〕

④全体の抵抗は10 + 5 = 15〔Ω〕

15〔Ω〕× 0.5〔A〕= 7.5〔V〕

⑤10Ωの抵抗に流れる電流は，$\frac{3〔V〕}{10〔Ω〕}$ = 0.3〔A〕

5Ωの抵抗に流れる電流は，

$\frac{3〔V〕}{5〔Ω〕}$ = 0.6〔A〕

0.3 + 0.6 = 0.9〔A〕

⑥ [ミス注意!] 15Ωの抵抗に加わる電圧は3Vなので，電流は$\frac{3〔V〕}{15〔Ω〕}$ = 0.2〔A〕 よって，もう一方の抵抗に流れる電流は，

0.6 − 0.2 = 0.4〔A〕 電圧は3Vなので，抵抗は，

$\frac{3〔V〕}{0.4〔A〕}$ = 7.5〔Ω〕

p.58〜p.59 予想問題

1 (1)導体 (2)不導体(絶縁体)
(3)ガラス，ゴム

2 (1)1.5A (2)4Ω (3)ア (4)5400J
(5)13.0℃ (6)ウ (7)大きくなる。

3 (1)A (2)4Ω (3)電気エネルギー
(4)電力 (5)9W (6)比例(の関係)
(7)2160J

4 (1)4A (2)B (3)700W (4)電熱器
(5)2880000J，800Wh

解説

1 (1)(2) [参考] 導体でも不導体でもない，半導体という物質もある。

2 (1)6Vの電圧を加えたときの電力が9Wなので，電力 = 電圧 × 電流より電流は，

9〔W〕÷ 6〔V〕= 1.5〔A〕

(2)6Vの電圧を加えると，1.5Aの電流が流れるので，$\frac{6〔V〕}{1.5〔A〕}$ = 4〔Ω〕

(4)電力量 = 電力 × 時間〔s〕，5分 = 300秒より，

18〔W〕× 300〔s〕= 5400〔J〕

(5)結果の表より，6V − 18Wの電熱線では16.0℃から29.0℃に上昇している。

29.0 − 16.0 = 13.0〔℃〕

(7) [参考] 電熱線に発生する熱量は，電力(ワット数)に比例している。また，電流を流す時間にも比例している。

3 (1)電流計は回路に直列につなぐ。

(2) $\frac{6〔V〕}{1.5〔A〕}$ = 4〔Ω〕

(5)電力 = 電圧 × 電流より，

6〔V〕× 1.5〔A〕= 9〔W〕

(6)原点を通る直線のグラフになっている。

(7) [ポイント] 電力量 = 電力 × 時間〔s〕，

4分 = 240秒より，9〔W〕× 240〔s〕= 2160〔J〕

4 (1)100Vの電圧を加えたときの消費電力が400Wなので，400〔W〕÷ 100〔V〕= 4〔A〕

(3)並列につながっているので，各電気器具の消費電力の合計が全体の消費電力である。

(5)電熱器では400Wの電力を消費する。

2時間 = 2 × 60 × 60 = 7200秒より，消費した電力量は400〔W〕× 7200〔s〕= 2880000〔J〕 また，400〔W〕× 2〔h〕= 800〔Wh〕

テストに出る！

5分間攻略ブック

東京書籍版

理 科
2年

重要用語をサクッと確認

よく出る図を
まとめておさえる

赤シートを
活用しよう！

テスト前に最後のチェック！
休み時間にも使えるよ♪

「5分間攻略ブック」は取りはずして使用できます。

第1章　物質のなり立ち　　　p.12〜p.34

□ もとの物質とはちがう別の物質ができる変化を【化学変化】という。

□ 1種類の物質が2種類以上の別の物質に分かれる化学変化を【分解】という。

□ 物質に熱を加えて行う分解を【熱分解】という。

炭酸水素ナトリウムの熱分解

炭酸水素ナトリウム ──→ 炭酸ナトリウム＋【水】＋【二酸化炭素】

炭酸水素ナトリウムの熱分解

炭酸水素ナトリウム　　【水】が発生。　　【二酸化炭素】が発生。　　水

酸化銀の熱分解

酸化銀 ──→ 【銀】＋【酸素】

酸化銀の熱分解

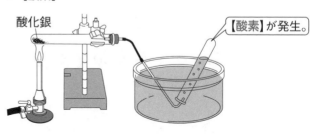

酸化銀　　【酸素】が発生。

□ 物質に電流を流して行う分解を【電気分解】という。

水の電気分解

【水】 ──→ 【水素】＋酸素

・陰極側…【水素】が集まる。マッチの火を近づけると、水素が音を立てて燃える。

・陽極側…【酸素】が集まる。火のついた線香を入れると、線香が炎を出して燃える。

水の電気分解

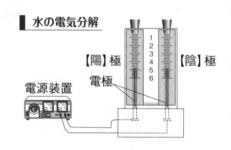

【陽】極　　【陰】極　　電極　　電源装置

□ 物質は，それ以上分割できない【原子】という小さい粒子でできている。

　・原子はそれ以上分割できない。

　・原子の種類によって大きさや質量は決まっている。

　・原子はほかの種類の原子に変わったり，なくなったり，新しくできたりしない。

□ 原子の種類を【元素】といい，これを表すアルファベットを元素記号という。元素を整理した表を元素の【周期表】という。

□ いくつかの原子が結びついてできた粒子を【分子】という。

□ 物質を元素記号と数字で表したものを，【化学式】という。

　📑 **いろいろな化学式**

酸素	【O_2】	水素	【H_2】
銅	【Cu】	マグネシウム	【Mg】
二酸化炭素	【CO_2】	水	【H_2O】
塩化ナトリウム	【$NaCl$】	酸化銅	【CuO】

□ 物質は，純粋な物質と【混合物】に分けられ，純粋な物質は，１種類の元素だけでできている【単体】と２種類以上の元素でできている【化合物】に分けられる。

　▐ **物質の分類**

　　　　　┌─【混合物】
　物質─┤
　　　　　└─純粋な物質─┬─【単体】水素，銅など
　　　　　　　　　　　　 └─【化合物】水，塩化ナトリウムなど

第2章　物質どうしの化学変化　　p.35〜p.48

□ ２種類以上の物質が結びついてできた物質は【化合物】である。化合物は化学変化前の物質とは異なる物質である。

　📑 **鉄と硫黄が結びつく化学変化**

　　鉄＋硫黄 ⟶【硫化鉄】

　📑 **水素と酸素が結びつく化学変化**

　　水素の分子＋酸素の分子 ⟶【水】の分子

　📑 **炭素と酸素が結びつく化学変化**

　　炭素の原子＋酸素の分子 ⟶【二酸化炭素】の分子

□ 化学変化を化学式で表したものを【化学反応式】という。反応の前後で元素とそれぞれの原子の数は同じになる。

　注目 化学式は物質を表したもの，化学反応式は化学式と矢印で化学変化を表したもの。

□ 物質が酸素と結びつくことを【酸化】といい, これによってできた物質を【酸化物】という。

　例 銅の酸化…【黒】色の【酸化銅】ができる。

□ 物質が光や熱を出しながら激しく酸化されることを【燃焼】という。

　例 マグネシウムの燃焼…【白】色の【酸化マグネシウム】ができる。

□ 酸化物が酸素をうばわれる化学変化を【還元】という。

　注目 還元は酸化と同時に起こる。

酸化銅の還元

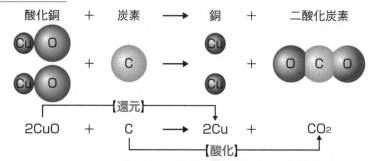

酸化銅　　＋　　炭素　　⟶　　銅　　＋　　二酸化炭素

2CuO　　＋　　C　　⟶　　2Cu　　＋　　CO₂

【還元】

【酸化】

□ 化学変化の前後で物質全体の質量が変わらないことを【質量保存の法則】という。

　🔖 沈殿ができる反応

　　　　硫酸　　　＋　塩化バリウム ⟶　塩酸　　＋　硫酸バリウム

　【H₂SO₄】　＋　【BaCl₂】　⟶【2HCl】＋　【BaSO₄】

　注目 白い沈殿ができる。

沈殿ができる反応

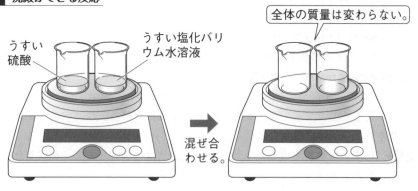

うすい硫酸

うすい塩化バリウム水溶液

全体の質量は変わらない。

混ぜ合わせる。

🔗 気体が発生する反応

炭酸水素ナトリウム ＋ 塩酸 ⟶ 塩化ナトリウム＋ 水 ＋ 二酸化炭素
【$NaHCO_3$】 ＋【HCl】⟶ 【NaCl】 ＋【H_2O】＋ 【CO_2】

注目 気体が発生する。容器を開けると気体が逃げ，その分全体の質量が減る。

▌気体が発生する反応

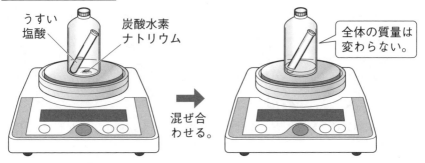

うすい塩酸　炭酸水素ナトリウム

混ぜ合わせる。

全体の質量は変わらない。

□ 2種類の物質が結びつくとき，それぞれの物質の質量の比は【一定】になる。

例 銅：酸素＝4：1，マグネシウム：酸素＝3：2

▌金属の質量と結びついた酸素の質量

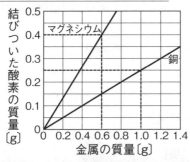

結びついた酸素の質量〔g〕

マグネシウム

銅

金属の質量〔g〕

銅の質量：酸素の質量
＝1.0：0.25＝4：1

マグネシウムの質量：酸素の質量
＝0.6：0.4＝3：2

第5章 化学変化とその利用　　　　p.73～p.87

□ 化学変化が起こるときに，熱を周囲に出している反応を【発熱反応】という。この反応では，周囲の温度は【上がる】。

例 鉄粉の酸化（化学かいろ）

□ 化学変化が起こるときに，周囲から熱をうばう反応を【吸熱反応】という。この反応では，周囲の温度は【下がる】。

例 水酸化バリウムと塩化アンモニウムによるアンモニアの発生

□ 物質がもっているエネルギーを【化学エネルギー】といい，化学変化によって，熱などとして物質からとり出すことができる。

第1章　生物と細胞　p.88~p.108

水中の小さな生物

【ミジンコ】　【アオミドロ】　【ゾウリムシ】　【ミカヅキモ】

□ 葉などを顕微鏡で観察したときに見られる，小さな部屋のようなものを【細胞】という。

□ 細胞にある，【酢酸オルセイン】や酢酸カーミンなどの染色液によく染まる，まるいものを【核】という。

□ 細胞の外周を包む膜を【細胞膜】という。

□ 植物の細胞では，外側を【細胞壁】が囲み，その内側に細胞膜がある。細胞膜の内側には緑色の粒である【葉緑体】があり，ふくろ状の【液胞】が見られることもある。

□ 細胞の中で，核と細胞壁以外の部分をまとめて【細胞質】という。

細胞のつくり

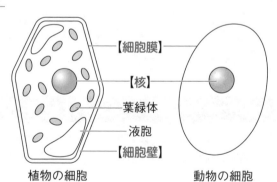

【細胞膜】

【核】

葉緑体

液胞

【細胞壁】

植物の細胞　　　　動物の細胞

□ 1個の細胞からなる生物を【単細胞生物】という。一方，多数の細胞からなる生物を【多細胞生物】という。

□ 多細胞生物の細胞は，形やはたらきが同じものが集まって【組織】をつくり，いくつかの組織が集まって特定のはたらきをする【器官】となる。そして，いくつかの器官が集まって【個体】がつくられる。

☐ 植物が光を受けて【デンプン】などの養分をつくるはたらきを【光合成】という。
これは細胞の【葉緑体】で行われる。

■ 光合成

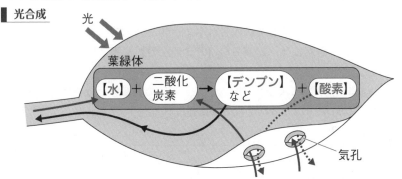

☐ 植物も，動物と同じように【呼吸】によって空気中の【酸素】をとり入れて，
【二酸化炭素】を出している。　**注目**　昼も夜も呼吸している。

■ 呼吸と光合成

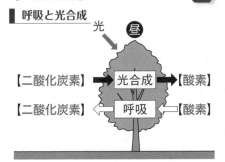

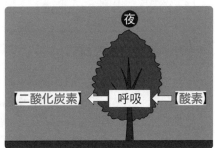

☐ 根から吸い上げられた水が【気孔】から水蒸気になって出ていくことを【蒸散】
という。　**まる暗記**気孔は葉の裏側に多い。

☐ 根には綿毛のような【根毛】がある。根から吸収した水や水にとけた肥料分の
通り道を【道管】，葉でつくられた養分の通り道を【師管】といい，これらの束
を【維管束】という。

■ 茎のようす

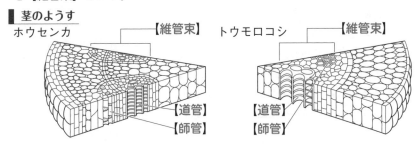

□ 食物が吸収されやすい物質に分解されることを【消化】という。

□ 口から始まり，食道，胃，小腸，大腸などを経て肛門で終わる食物の通り道を，【消化管】という。

□ 消化液には，食物を分解して吸収されやすい物質にする【消化酵素】がふくまれている。消化酵素には，だ液中の【アミラーゼ】や胃液中の【ペプシン】などがある。

□【胆汁】は消化酵素がふくまれていないが，脂肪の分解を助けるはたらきがある。

注目 胆汁は肝臓でつくられて胆のうに運ばれる。

消化のしくみ

	デンプン	タンパク質	脂肪
アミラーゼ	○		
ペプシン		○	
胆汁			○
すい液中の消化酵素	○	○	○
小腸のかべの消化酵素	○	○	
分解されてできる物質	ブドウ糖	アミノ酸	脂肪酸とモノグリセリド

□ 消化されたものの多くは小腸のかべのひだにたくさんある【柔毛】から吸収される。ブドウ糖とアミノ酸は，柔毛の【毛細血管】に入り，脂肪酸とモノグリセリドは，再び脂肪になってリンパ管に入る。

□ 空気中からとりこまれた酸素と血液中の二酸化炭素が肺で交換されるはたらきを【肺呼吸】という。　**注目** 肺胞で効率よく気体の交換が行われる。

□ 酸素を多くふくむ血液を【動脈血】，二酸化炭素を多くふくむ血液を【静脈血】という。

□ 細胞で行われる，酸素を使って養分からエネルギーをとり出し，【二酸化炭素】と水がつくられる活動を【細胞による呼吸】という。

□ 血液を循環させるポンプのはたらきをしている器官は【心臓】である。

□ 心臓から肺以外の全身を通って心臓にもどる血液の流れを【体循環】といい，心臓から肺，肺から心臓，という血液の流れを【肺循環】という。

▌ヒトの心臓のつくり

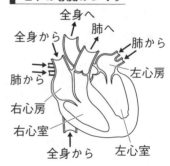

全身へ
肺へ
全身から
肺へ
肺から
左心房
肺から
右心房
右心室
全身から
左心室

注目 動脈と静脈は，毛細血管でつながっている。静脈は動脈よりもかべがうすく，逆流を防ぐ弁がある。

□ 血液の成分には，酸素を運ぶ【赤血球】，細菌などを分解する【白血球】，液体成分である血しょうなどがある。

■ ヒトのじん臓

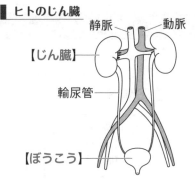

静脈 ――― 動脈
【じん臓】
輸尿管
【ぼうこう】

□ 血しょうは毛細血管のかべをしみ出て【組織液】になる。組織液は細胞との物質のやりとりのなかだちをする。

□ 生命活動でできた有害なアンモニアは，【肝臓】で無害な尿素に変えられ，ほかの不要な物質とともに【じん臓】で血液からとり除かれ，【ぼうこう】に【尿】としてためられてから排出される。

第4章　刺激と反応　　　　p.149~p.169

□ 外界からの刺激を受けとる器官を【感覚器官】といい，目，鼻，耳，舌，皮膚がある。

■ 目のつくり

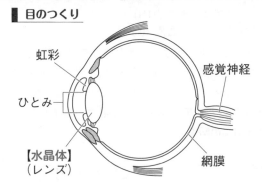

虹彩
ひとみ
【水晶体】
（レンズ）
感覚神経
網膜

□ 脳やせきずいを【中枢】神経という。

□ 中枢神経から枝分かれして全身に広がる神経を，【末しょう】神経という。中枢神経と末しょう神経をまとめて【神経系】という。

□ 末しょう神経は，感覚器官から中枢神経に信号を伝える【感覚】神経と，中枢神経から運動器官へ信号を伝える【運動】神経などに分けられる。

□ 刺激を受けて意識とは無関係に決まった反応が起こることを，【反射】という。

□ うでの【筋肉】は骨を囲み，たがいに向き合うようについている。筋肉のどちらか一方が【縮む】と，もう一方がのばされ，これによってうでの曲げのばしができる。

単元3　天気とその変化

教科書
p.170~p.233

第1章　気象の観測

p.170~p.196

□ 空全体を 10 としたときの雲の割合を【雲量】といい，0～1 を【快晴】，2～
8 を晴れ，9～10 をくもりという。

■ 天気記号

天気	記号
【快晴】	○
【晴れ】	①
くもり	◎
【雨】	●
雪	⊗

■ 天気，風向，風力の表し方

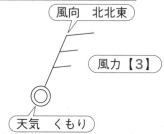

風向　北北東
風力【3】
天気　くもり

□ 空気にはたらく重力による圧力を【大気圧（気圧）】という。ふつう，圧力の単
位はパスカル（記号 Pa），気圧の単位は hPa（1 hPa ＝ 100Pa）。

$$圧力〔【Pa】〕＝\frac{面を垂直におす力〔N〕}{力がはたらく面積〔m^2〕}$$

□ 気圧の値の等しい地点を結んだなめらかな曲線を【等圧線】という。

□ 中心部の気圧が周辺より高い部分を【高気圧】，低い部分を【低気圧】という。

□ 空気を冷やしていったとき，水蒸気が凝結し始める温度を【露点】という。

□ 1 m³ の空気がふくむことができる水蒸気の最大の質量を【飽和水蒸気量】という。

■ 気温と飽和水蒸気量の関係

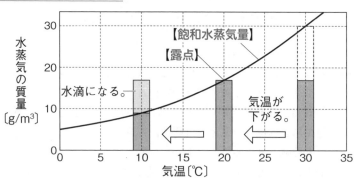

【飽和水蒸気量】
【露点】
水滴になる。
気温が
下がる。

縦軸：水蒸気の質量〔g/m³〕
横軸：気温〔℃〕

□ 空気のしめりけの度合いを【湿度】という。

$$湿度〔％〕＝\frac{1 m^3の空気にふくまれる水蒸気の質量〔g/m^3〕}{その空気と同じ気温での【飽和水蒸気量】〔g/m^3〕}×100$$

□ 上空は気圧が低いので，地上付近の空気が上昇すると【膨張】して温度が下がり，【露点】よりも低くなると水滴が生じ，雲ができる。

▌雲のでき方

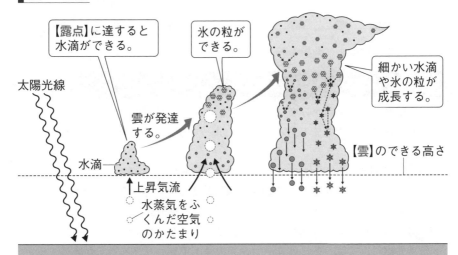

□ 地球上の水は絶えず状態を変化させながら，地球表面と大気の間を循環している。これを【水の循環】という。

□ 気温や湿度が一様な空気のかたまりを【気団】という。

□ 寒気が暖気の下にもぐりこみ，暖気をおし上げながら進む前線を【寒冷前線】という。前線通過後は，気温が【下】がり，【北】寄りの風がふく。

□ 暖気が寒気の上にはい上がり，寒気をおしやりながら進む前線を【温暖前線】という。前線通過後は，気温が【上】がり，【南】寄りの風がふく。

▌前線のようす

【寒冷】前線

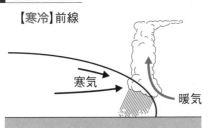

【温暖】前線

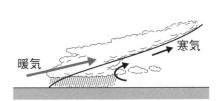

□ 寒冷前線が温暖前線に追いついてできる前線を【閉そく前線】という。

□ 寒気と暖気がぶつかり合い，ほとんど動かない前線を【停滞前線】という。

▌前線を表す記号

【寒冷】前線

【閉そく】前線

【温暖】前線

【停滞】前線

□ 中緯度帯で発生し，前線をともなう低気圧を【温帯低気圧】という。

第3章　大気の動きと日本の天気 　　　　p.209~p.233

□ 中緯度帯の上空を西から東に向かう大気の動きを【偏西風】という。

□ 大陸と海洋のあたたまり方のちがいによって生じる，季節に特徴的な風のことを【季節風】という。

まる暗記 日本付近では，冬は北西，夏は南東の季節風がふくことが多い。

□ 昼，海から陸に向かってふく風を【海風】といい，夜，陸から海に向かってふく風を【陸風】という。これらをまとめて【海陸風】という。

注目 海よりも陸のほうが，あたたまりやすく冷えやすい。

□ 日本列島付近では，冬にはユーラシア大陸上でシベリア高気圧が発達するため，【シベリア】気団の影響を受け，夏には太平洋高気圧が発達するため，【小笠原】気団の影響を受ける。

□ 春と秋に日本列島付近を次々に通る高気圧を【移動性】高気圧という。

□ 初夏に日本列島付近に停滞前線が生じて，雨やくもりの日が多くなる時期を【つゆ（梅雨）】という。この時期にできる停滞前線を【梅雨前線】という。

▌**つゆの天気図**

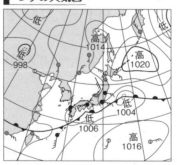

□ 夏の終わりに日本列島付近にできる停滞前線を【秋雨前線】という。

□ 北太平洋の南西で発生した熱帯低気圧のうち，最大風速が約【17】m/s 以上のものを【台風】という。

12

単元4　電気の世界

教科書 p.234~p.297

第1章　静電気と電流

p.234~p.248

□ 異なる物質でできた物体どうしをこすり合わせると，一方の物体からもう一方の物体へ【−】の電気が移動する。こうして物体にたまった電気を【静電気】という。

□ 物体が電気を帯びることを【帯電】といい，たまった電気が流れ出したり，空間を移動したりする現象を【放電】という。

□ 気体の圧力を小さくした空間に電流が流れることを【真空放電】という。

□ −の電気を帯びた小さな粒子を【電子】といい，真空放電管やクルックス管で見ることができるこの粒子の流れを【陰極線】という。

▌電子の流れ

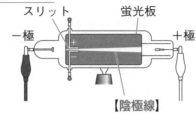

□ X線，α線，β線，γ線などをまとめて【放射線】という。

第2章　電流の性質

p.249~p.272

□ 電流が流れる道筋を【回路】という。

□ 1本の道筋でつながっている回路を【直列回路】，枝分かれした道筋でつながっている回路を【並列回路】という。

□ 電気用図記号で回路を表したものを【回路図】という。

▌電気用図記号

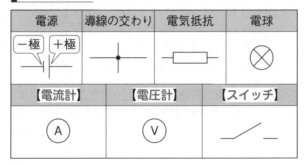

電源	導線の交わり	電気抵抗	電球
−極　＋極			
【電流計】	【電圧計】	【スイッチ】	
A	V		

□ 電流の単位は【アンペア】（記号 A），ミリアンペア（記号 mA）。

注目 1 A = 1000mA

回路に流れる電流

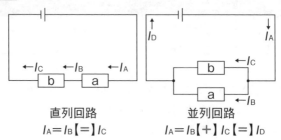

直列回路
$I_A = I_B【=】I_C$

並列回路
$I_A = I_B【+】I_C【=】I_D$

□ 乾電池などが回路に電流を流そうとするはたらきを【電圧】といい，その単位
は【ボルト】（記号 V）。

回路に加わる電圧

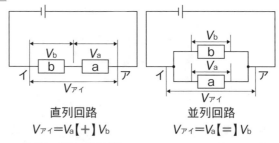

直列回路
$V_{アイ} = V_a【+】V_b$

並列回路
$V_{アイ} = V_a【=】V_b$

□ 電流の流れにくさを【抵抗（電気抵抗）】といい，単位は【オーム】（記号 Ω）。

□ 電流・電圧・抵抗は以下のように表すことができ，これを【オーム】の法則という。

電圧〔V〕＝【抵抗〔Ω〕】×電流〔A〕　$V = R \times I$

電流〔A〕＝$\dfrac{【電圧〔V〕】}{【抵抗〔Ω〕】}$　　$I = \dfrac{V}{R}$,　　抵抗〔Ω〕＝$\dfrac{【電圧〔V〕】}{【電流〔A〕】}$　　$R = \dfrac{V}{I}$

直列回路・並列回路の抵抗

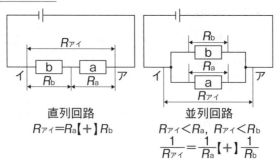

直列回路
$R_{アイ} = R_a【+】R_b$

並列回路
$R_{アイ} < R_a,\ R_{アイ} < R_b$
$\dfrac{1}{R_{アイ}} = \dfrac{1}{R_a}【+】\dfrac{1}{R_b}$

東京書籍版　理科2年

□ 電気を通しやすい物質を【導体】，電気を通しにくい物質を【不導体（絶縁体）】という。

□ 導体と不導体の中間の性質をもつ物質を【半導体】という。

□ 1秒間あたりに使われる電気エネルギーの大きさを【電力（消費電力）】といい，単位は【ワット】（記号 W）。

電力〔W〕＝【電圧】〔V〕×【電流】〔A〕

□ 電熱線などに電流を流したときに発生する熱の量を【熱量】という。

熱量〔J〕＝【電力】〔W〕×【時間】〔s〕

□ 電力と時間の積で表される電気エネルギーの総量を【電力量】といい，以下のようにして求めることができる。

電力量〔J〕＝【電力】〔W〕×【時間】〔s〕

注目 電力量の単位には，ワット時（記号 Wh）やキロワット時（記号 kWh）も使われる。1 Wh は 3600J。

第3章　電流と磁界 p.273~p.297

□ 磁石にほかの磁石を近づけたとき，引き合ったり反発し合ったりする力を【磁力】という。

□ 磁力がはたらく空間を【磁界（磁場）】といい，磁界に置いた磁針の N 極が示す向きを【磁界の向き】，磁界のようすを表した線を【磁力線】という。

▌磁石のまわりの磁界

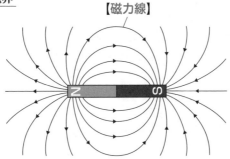

【磁力線】

▌電流の向きと磁界の向き

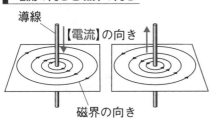

導線
【電流】の向き
磁界の向き

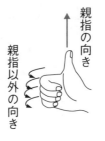

親指の向き
親指以外の向き

電流の向き
【磁界】の向き

□ 磁界の中に入れたコイルや導線に電流を流すと，コイルや導線は【力】を受ける。

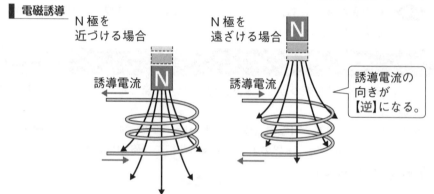

■ 磁石の中で電流が受ける力

電流の向き

【力】の向き

【磁界】の向き

導線

□ コイルの内部の磁界が変化するとコイルに電流を流そうとする電圧が生じる。この現象を【電磁誘導】といい，このとき流れる電流を【誘導電流】という。

■ 電磁誘導

N極を近づける場合

N極を遠ざける場合

誘導電流

誘導電流

誘導電流の向きが【逆】になる。

□ 一定の向きに流れる電流を【直流】，周期的に向きが変わる電流を【交流】という。

□ 交流の波の１秒あたりのくり返しの数を【周波数】という。単位は【ヘルツ】（記号 Hz）。

■ オシロスコープで調べた電流のようす

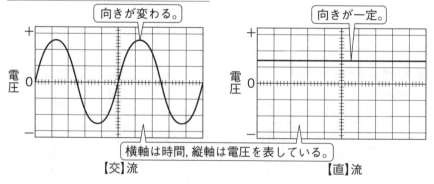

向きが変わる。

向きが一定。

電圧

電圧

横軸は時間，縦軸は電圧を表している。

【交】流

【直】流

東京書籍版　理科2年

第３章　電流と磁界

p.60～p.61　ココが要点

①磁力　②磁界（磁場）　③磁力線

㋐N　㋑磁界　㋒磁界　㋓同心円　㋔逆

④モーター　⑤電磁誘導　⑥誘導電流

⑦直流　⑧交流　⑨周波数　⑩Hz

㋕直流　㋖交流

p.62～p.63　予想問題

[1]　(1)磁力　(2)磁界

(3)磁界の向き

(4)㋐g　㋑c　㋒f　㋓c

(5)㋐←　㋓→

(6)せまくなる。

[2]　(1)①㋐　②同心円

(2)㋐b　㋑d　㋒d

㋓d　㋔b

(3)電流の向きを反対にする。

(4)電流を大きくする。

コイルの巻数をふやす。のうち１つ

[3]　図２…㋑　図３…㋑　図４…㋐

[4]　(1)電磁誘導

(2)誘導電流

(3)ア，イ　(4)ウ，エ

[5]　(1)直流

(2)交流

(3)くり返しの数…周波数

単位…ヘルツ（Hz）

(4)イ

[解説]

[1]　[ポイント] 磁力線は磁界のようすを表していて，矢印の向きは磁界の向きと同じである。磁力線の間隔は，磁界が弱いほど広く，強いほどせまい。また，磁力線どうしがとちゅうで交わったり分かれたりすることはない。

[2]　(1)１本の導線に電流を流すと，導線のまわりに同心円状の磁界ができる。右手の親指を電流の向きにすると，残りの４本の指の向きが磁界の向きとなる。

(2) [ミス注意!] コイルの磁界は，１本の導線のまわりにできる磁界が重なり合ったものである。この問題では，コイルの中での磁界の向きが右から左になっている。

[3]　[ポイント] 磁界の中で導線に電流が流れると，導線は力を受ける。この力は電流の向きと磁界の向きによって決まる。導線に流れる電流を大きくすると，受ける力も大きくなる。

図２，３…電流の向きや磁界の向きを逆にすると，導線が受ける力の向きは逆向きになる。

図４…電流の向きと磁界の向きの両方を逆にすると，導線が受ける力の向きは変わらない。

[4]　(1)(2)電磁誘導で生じる電流を，誘導電流という。

(3)誘導電流の向きを反対にするには，磁石の極を反対にする，磁石の動く方向を逆にするという方法がある。磁石の極を逆にし，動く方向も逆にしたときは，もとの場合と同じ向きに電流が流れる。

(4)ア…誘導電流は，磁界に変化が起こったときに流れる。そのため，磁石もコイルも動かさないときは，電流は流れない。

[5]　(3) [参考] 交流の周波数は，東日本では50Hz，西日本では60Hzとなっている。

(4)発光ダイオードは決まった向きに電流が流れたときにだけ点灯する。直流につなぐと，つなぐ向きによって連続して点灯したままだったり，まったく点灯しなかったりするが，交流につなぐと，周期的に点滅する。

巻末特集 p.64

1 (1)30Ω　(2)0.6A　(3)20Ω
(4)A：B＝2：1

[解説] (1)電熱線Aに加わる電圧は12.0V，電流の大きさは0.4Aなので，オームの法則，

抵抗〔Ω〕$=\frac{\text{電圧〔V〕}}{\text{電流〔A〕}}$より，$\frac{12.0\text{〔V〕}}{0.4\text{〔A〕}}=30\text{〔Ω〕}$

(2)並列回路なので，電熱線Bに加わる電圧は，電源の電圧と等しく，12.0Vである。したがって，電熱線Bに流れる電流の大きさは，

オームの法則より，電流〔A〕$=\frac{\text{電圧〔V〕}}{\text{抵抗〔Ω〕}}$，

$\frac{12.0\text{〔V〕}}{60\text{〔Ω〕}}=0.2\text{〔A〕}$

並列回路では，各電熱線を流れる電流の和が枝分かれしていない部分の電流の大きさと等しいので，電流計㋐の示す値は，

$0.4+0.2=0.6\text{〔A〕}$

(3)この回路全体に流れる電流の大きさは0.6A，また，回路全体に加わる電圧は12.0 Vである。

オームの法則より，抵抗〔Ω〕$=\frac{\text{電圧〔V〕}}{\text{電流〔A〕}}$，

$\frac{12.0\text{〔V〕}}{0.6\text{〔A〕}}=20\text{〔Ω〕}$

(別解) 並列回路での全体の抵抗をR，電熱線Aの抵抗をR_A，電熱線Bの抵抗をR_Bとすると，回路全体の抵抗は，次の式で表せる。

$\frac{1}{R}=\frac{1}{R_A}+\frac{1}{R_B}$

$R_A=30\text{〔Ω〕}$，$R_B=60\text{〔Ω〕}$を代入すると，

$\frac{1}{R}=\frac{1}{30}+\frac{1}{60}=\frac{3}{60}=\frac{1}{20}$　$R=20\text{〔Ω〕}$

(4)並列回路では，各電熱線に加わる電圧は，電源の電圧に等しいので，12.0Vである。電熱線Aには0.4A，電熱線Bには0.2Aの電流が流れているので，それぞれの電力は，

電熱線A：0.4〔A〕×12.0〔V〕＝4.8〔W〕
電熱線B：0.2〔A〕×12.0〔V〕＝2.4〔W〕
よって，電力の比は，A：B＝2：1

2

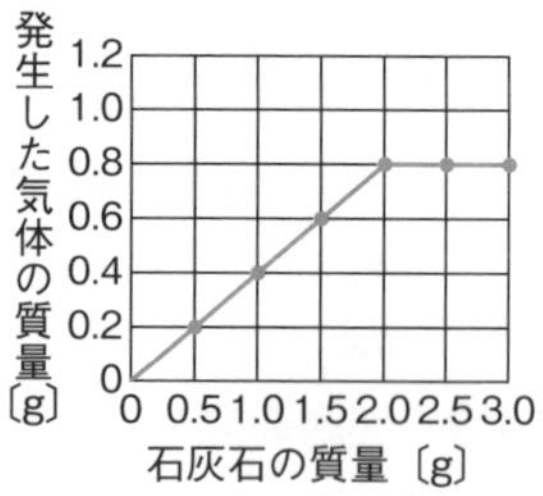

[解説] 石灰石とうすい塩酸を反応させると，二酸化炭素が発生する。化学変化の前後では，全体の質量は変化せず，質量保存の法則が成立するが，この実験では，ふたのない容器を使用しているため，発生した二酸化炭素が空気中に逃げた分，質量が小さくなる。下の表のように，反応前と反応後の質量の差（発生した二酸化炭素の質量）を求め，これをグラフで表す。

石灰石の質量〔g〕		0.5	1.0	1.5	2.0	2.5	3.0
全体の質量〔g〕	反応前	51.5	52.0	52.5	53.0	53.5	54.0
	反応後	51.3	51.6	51.9	52.2	52.7	53.2
発生した気体の質量〔g〕		0.2	0.4	0.6	0.8	0.8	0.8

3 (1)危険からすばやく身を守ることに役立っている。
(2)湿球をおおうガーゼ（布）の部分から多くの水が蒸発するとき，より多くの熱をうばうから。
(3)家庭内の電気器具は，並列に接続されているため，同時に使用して，消費電力が大きくなると，流れる電流が大きくなるから。

[解説] (1)反射は，多くの動物に生まれつき備わっている反応である。脳に刺激の信号が到(とう)達(たつ)する前にすばやく起こる反応であるため，いち早く危険から身を守ることができる。
(2)湿球の示度(しど)が乾球よりも低くなるのは，湿球をおおう部分の水が蒸発するときに，まわりから熱をうばうためである。水が蒸発しやすいほど，つまり，湿度が低いほど，乾球と湿球の示度の差は大きくなる。逆に，湿度が高いほど，水は蒸発しにくくなり，示度の差は小さくなる。
(3)家庭の配線は並列回路で，各電気器具に流れる電流の和が回路に流れる電流の大きさになる。テーブルタップに上限以上の電流が流れると，発熱や発火することがあり，危険である。

6 5 4 3 2
D C B A